转角
遇见美

陈章汉 著

海峡出版发行集团
海峡文艺出版社

目 录

自然美

自然美

自在状态的自然美

自然美，美在自然自身。

自然万物并不都呈现出自然美，但凡是自然美，必存在于自然界中。

自然美可分为非人化的自然美和人化的自然美。

非人化的自然美，早在人类出现之前就产生了。

泰山的雄伟峥嵘，长江的浩荡千里，武夷的碧水丹山，桂林的明丽空灵……自然界美的属性，是在地球自身的造山运动及地表的水流、气候、温度、风霜雨雪等条件的综合影响下形成的。

它们的千奇百态突现于自然物的相互映衬和比较之中，可谓美不胜收。

只是在人类出现、混沌初开之前，没有人去"收"而已。美的现象彼时仅呈现一种自在的状态。

自在的山之逶迤。自在的海之吞吐。自在的天地晦明。自在的草木枯荣……

自然美自有根据

　　这种自在的自然美的产生和形成，是有其根据的。

　　无生命的自然美，如日月星辰、霞虹云霓，因了天体自身的和相互的运动，而仪态万方，变幻莫测。不同时空下的静动行止，阴晴圆缺，开合雾蔚，使得森罗万象似乎全有了生命似的，生动无比。

　　又如山之美，根据是距今亿万年的造山运动，条件是风雨剥蚀，植被覆盖，云雾缭绕；水之美，则因了大地的倾斜，峭壁的阻拦，断层的出现，而喧腾如奔马，挂崖如晒布……

　　山水美的形象，是自然力的杰作，是风、雨、霜、雪、气温等雕刻师勤力经营的结果，其法有"风化""水化""寒化""雪化""绿化""润化""柔化"种种，唯独可以不劳驾于"人化"。

　　人类之于大自然，问世得太迟了。

自然美本无目的

有生命的自然美，如植物，如动物，其美之涵泳，亦非无缘无故。

物种的传宗接代本性，蜂媒蝶使的殷勤传粉和自然遴选，便有了花色之斑斓，花香之幽远，花期之延绵。

内在生命力对于外因力的不懈抗争和顽强适应，便有了松之如旗，柏之如塔，榕之如磐。

雄狮的形象、斑马的条纹、孔雀的彩屏、鸣鸟的声音，大地的精灵们在种和性的优胜劣汰中，展示着生命的底蕴，也昭示了美的富含。

而无论是无生命的还是有生命的自然美，其构成都是无意识、无目的的。

它们本身没有美感能力。因此即便有创造美的活动或呈现美的举动，也全然是盲目的。它们浑不知其为美，更不可能有审美意识，自然地也就没有迎合人类审美目的性的任何属性。

因此，认为自然之美是造物特意为人类备下的厚礼，那是自作多情了。

美在总体

造物似乎过于宽容，森罗万象，兼收并蓄。有生命的、无生命的、恢宏厚重的、纤弱轻灵的、不动声色的、稍纵即逝的、独来独往的、怯生生的……它们都办妥了护照似的，有模有样、纷至沓来，争一席之地，领几许风骚，于是六合之间真成了林林总总之"大千"。

自然界之总体，由诸如山、水、草、树、花、鸟、虫、鱼之类的个体构成。就各自的生态看，都有发生、发展、消亡的过程，周期、幅度不同而已。但从总体上看，物竞天择，优胜劣汰，生生息息，世代繁衍，生机一派而有序有度，所以说是美的。

——相辅相成之美。相抑相生之美。相揠相袭之美。相约相谐之美。

故一处自然景观，常常表现为总体之美。

总体自然美，并非说任何构成物都是美的。

譬如大海。

太阳从这里升起，阴霾也常在这里集结。勇士在这里成长，海盗也曾在这里出没。浪花与泡沫、惊涛与潜流、珊瑚与暗礁、透明与混沌、缠绵与狂野、孕育与虐杀、诞生与死亡……都在这里交织着、冲突着，演出喜剧，也演出悲剧；演出正剧，也演出闹剧。

然而没有人说大海不美。

它美在总体，美在时空上的整体性。

不美的或丑的种种因素，无伤大雅，有时反而使狞厉之美的产生成为可能，甚而给人肃穆的难以言喻的崇高感。这便是总体自然美的力量。

美在个体

常见美在个体自然物。芊芊之草，葳蕤之花，半枝小雪，一隙清流，美不美？

个体美之于总体美，盖以其内在的生机和外在的形态，既显示着自身的美，又影响着、烘托着其他同在物之美。

水复而显其山重。柳暗而愈见花明。雨至而有山色空蒙。石奇而得峰之崔嵬……

自然物之个体，有的也许并不美，但作为总体的一部分观之，却自有其审美价值。如葱茏万木前之病树，如炊烟晚照中之昏鸦，如空山之落叶，如柳堤之断桥。

即便这些个体都很美，也必百态千姿，各标一帜。如原野之舒展，群峦之迤逦，飞泉之含响，逝水之轻灵，菊花之冷艳，牡丹之辉煌，个个以其精彩，使一个景区或某个画面为之灿然。

奇　美

于是有美在"奇"之说。

每一具体自然物，美之形态并不恒定。由于内在生命力的驱动和演进规律的围限，其孕育、发生、发展、鼎盛、衰落、消亡等过程，诉诸形象的美态便千差万别。其中必有一种或数种最能集中表现其生机、其个性，最富于令人荡气回肠的"神韵"。此等不可多得的美之形态，即所谓的奇美。

譬如晨鸡之引颈，母牛之舐犊，夕阳之吻地，晓日之喷薄，鹰之振翮或扑食，马之奋蹄或饮河……那真真是美之极致，为人所独钟。

因其有别于常态，每每发生在或存在于不意之中，且稍纵即逝，于是有骚人墨客们不辞辛苦"行万里路"，以求偶遇妙得。

同类物象，亦有凡奇之别。

"（武夷山）其峰之最大者，丰上而敛下，岿然若巨人之戴弁，缘隙蹬道，可望而不可登……溪出其下，绝壁高峻，皆数十丈，岸则巨石林立，磊落奇秀。"——吸引韩元吉"徒倚而不忍者"者，奇也。

"洞高敞与夏屋等，入数武，稍狭，即忽见底，底际一窦，蛇行可入……隘处仅厚于堵，即又顿高顿阔，乃立，乃行，顶上石参差危耸，将坠不坠。"——吸引蒲松龄入胜入迷者，亦在奇。

桂林山形比之海岬丘陵，黄山迎客松比之庭前松柏，黑白天鹅比之家鹅，奇美自见，不言而喻。

壮　美

奇景之美，依其形象特征而论，奇雄、奇阔、奇峻、奇深、奇险、奇拙，当属壮美。

绝壁千仞，巉岩摩天，大江东去，千里冰封，惊涛拍岸，旭日东升，百舸争流，万马奔腾……恰以其雄浑、峻拔、旷阔、宏达，激荡人心，使身临其境者兀地产生崇高、敬畏之感。

常听得"好壮观啊"之类的浩叹，便是壮美之震撼力所致。

曹操东临碣石观沧海，但见"水何澹澹，山岛竦峙。树木丛生，百草丰茂。秋风萧瑟，洪波涌起。日月之行，若出其中；星汉灿烂，若出其里"，于是心胸为之一阔，援笔而赋《观沧海》，传颂千古。

毛泽东放眼北国，但见"千里冰封，万里雪飘。望长城内外，惟余莽莽；大河上下，顿失滔滔。山舞银蛇，原驰蜡象，欲与天公试比高"，于是壮怀激烈，生出"数风流人物，还看今朝"的无比豪情，旧词牌《沁园春》便也添了辉煌新篇。

自然之壮美，可以荡心砺志，使人宠辱皆忘，昂然向上，发愤而图强。

优　美

与之相对，奇秀、奇艳、奇幽、奇清、奇柔、奇鲜等等，则谓优美。

黄鹂鸣柳，红杏出墙，月迷津渡，杨柳堆烟，绿树村边合，清泉石上流，池塘生春草，莲动下渔舟……盖以其宁和幽隽，端丽纤婉，曼妙迷离，怡人之情，惬人之魄，使人愉悦。

时见"物我两忘""流连忘返"之类的赞词，便说着优美的魅力所在。

且看朱自清所窥得的"荷塘月色"是怎样的优美：

月光如流水一般，静静地泻在这一片叶子和花上。薄薄的青雾浮起在荷塘里。叶子和花仿佛在牛乳中洗过一样，又像笼着轻纱的梦……塘中的月色并不均匀，但光与影有着和谐的旋律，如梵婀玲上奏着的名曲。

卢梭在"忏悔"之中，竟也叫暮景的优美移神了好一阵子：

露水滋润着萎靡的花草，没有风，四周异常宁静，空气凉爽宜人；日落之际，天空一片深红色的云霭，映照在水面上，把河水染成了蔷薇色；高台那边的树上，夜莺成群，它们的歌声此呼彼应……

可见自然之优美，几可勾魂，使人迷恋万物，珍重生命，益发热爱生活。

动中见美

自然物象尚有动态美和静态美之别。

动中见美，曰动态美。如潮涨潮落，云开云合，柴门雀噪，兰舟催发，草低牛羊见，新燕啄春泥，飞流直下三千尺，一行白鹭上青天。

在有限的时空内，肉眼可察其变，万千气象以其动感悦人。美，似乎恰在这可知可觉的"变"的过程之中。

屠格涅夫在《猎人笔记》中记述了这样一个"动感世界"：

> 风突然吹来，又疾驶而去。四周的空气颤动了一下：这不是雷声吗？……乌云增长起来了，它前面的一边像衣袖一般伸展开来，像穹窿似的笼罩着。顷刻之间，草木全部黑暗了……雨多么大！闪电多么亮啊！……瞧，太阳又出来了……我的天啊，四周一切多么愉快地发出光辉，空气多么清新澄澈，草莓和蘑菇多么芬芳！

高尔基在狂暴的雷雨中窥见了海燕的动态之美：

> 在乌云和大海之间，海燕像黑色的闪电，在高傲地飞翔。
>
> 一会儿翅膀碰着波浪，一会儿箭一般地直冲向乌云，它叫喊着——就在这鸟儿勇敢的叫喊声里，乌云听出了欢乐。

　　其实不是乌云，而是高尔基自己，从这叫喊声里，听出了"黑色闪电"们的愤怒的力量、热情的火焰和胜利的信心，革命的激情顿时洋溢全身，于是借"预言家"海燕之口，发出了惊世骇俗的时代呐喊："让暴风雨来得更猛烈些吧!"

　　此中虽有借景以抒情、咏物以述志的色彩，但一介凡鸟之动态美令人感奋若此，非偶然也。

静　美

另有一部分自然物，表面呈相对静止状态，却能以静态之美楚楚动人。

你看那荷叶上晶莹的水珠，绿荫里春睡的芙蓉，草甸旁孵崽的山鸡，泽地中小憩的水牛；又如那舟横野渡、门泊吴船、幽潭凝碧、天梯挂崖，无不说着静谧，说着恬淡，说着悠远和温馨，令人生出无限蜜意和柔情，几欲与造化同在而或同归了。

冰心的心正是在月的静态美中融化的。她絮絮地告诉小读者们："静美的月亮，自然是母亲了。我半夜醒来，开眼看见她，高高地在天上，如同俯着看我，我就欣慰，我又安稳地在她的爱光中睡去。"

泰戈尔愿自己生时"如夏花之绚烂"，死时也要"如秋叶之静美"。

静物的某种动势，如伊人的欲语还羞，每可摇人心旌。

你看那花之含苞待放，鹰之觊觎猎物，双塔之遥遥对峙，群岩之俯仰相顾，似静而若动，欲移却泰然，给人以生机丰盎的美感。

动静景之相交映，常使静物生动。如风带树而婆娑，云抱山而沉浮。

有时则相反，如蛙鸣犹觉野静，鸟啼更显山空……

大自然之变幻无穷，自然美之摇曳多姿，真真是撩人诗心，又催人哲思！

空间美感

人类是从动物进化而来的，是"自然之子"。

"血缘"关系注定了人类对于自然，有一种无法逆拂的向心力。如同婴儿依恋襁褓、游子思归摇篮地，人们在尘世的熙熙攘攘中，不时地涌起返回自然的渴念，似乎在大自然的怀抱里，有着一种实在的安全感，使心境祥和。

然而，人类是万物之灵长、世界的主宰，它不能容忍自己随遇而安，仅仅生活在天设地造的原始状态之中。它要征服混沌，创造和发展文明，把自己的意志诉诸对自然界的改造之中。渐渐地，大自然难得保持其本来面貌，几乎处处打上了人类外加的印记。

比如，青山上不时竖几根电线杆，绿水中不时添几道拦河坝，天籁声里偶有开山炮炸响，泰岱之巅竟也有"天街"封顶……

人和自然似乎出现了一种离心的趋向。

好在人类的理性告诉自己，不能数典忘祖，与自然为敌。人们在改造自然的过程中，注意索解并且遵从客观规律，尽可能使两者间的矛盾得到某种协调。这种协调诉诸实践的结果，便是"景观美"的产生。

我们现在所能寻到的"自然美"已不再原始，它多半以由山水美、园林美、街市美所组成的"景观美"出现在我们面前。

"智者乐水，仁者乐山。"在山水之间，我们会惊异于大自然神奇的造化，会在气象万千的美的陶冶中坠入诗的微醺。

而街市和园林，常常集自然美、社会美、艺术美于一身，给人以意外的心灵震撼。你在八达岭见到了长城，在巴黎见到了埃菲尔铁塔，在西藏见到了布达拉宫，在纽约见到了摩天楼群……你不为人类重塑物质世界的伟力而骄傲而感奋吗？你到哈尔滨不登太阳岛，到杭州不逛西子湖，到厦门不进鼓浪屿，到西安不游秦陵，你算来过这些城市吗？

你想寻一处你所期待的绝对的自然美景，似乎不可能了。哥伦布惊呼发现了新大陆，但他不否认脚下征服大海的美丽的船只乃出自人工；美国的科罗拉多大峡谷，中国四川的九寨沟，自从被发现的那一刻起，便宣告走向了人间。旅游设施的建立，道路和景点的开辟，使纯粹的山水演化为非人工和人工之美的综合景观了。

景观美的特征，是三维的真实的空间美。

它给予我们的是一种融合了观赏者自身真切感受的空间美感。

既然我们有意于当个虔诚的审美主体，那么我们只有介入其中，设身处地，勇于登堂入室，去探取移步换形中的丰富的美了。

高山仰止

山水美，是自然现象美的总称。山水为主体。

"高山仰止"，说的是山之突兀峻拔，使人仰慕而不可企及，使人畏惧又心向往之。它以其形象的崇高和庞大，给人以难于逾越的压迫感，同时又撩起人们潜意识中的"升腾"欲望。

古代巴比伦人有建造"通天塔"的天真，中国道家有"羽化升天"的老梦，当代伟人毛泽东也有"欲与天公试比高"的豪壮胸怀。可知人的昂扬向上的欲望是多么强烈！

而"危乎高哉"的现实中的山，恰恰使人的"升腾"愿望的实践成为可能，于是不管出于运动探险还是出于浪漫旅游，登山的活动，历来不衰。"会当凌绝顶，一览众山小。"超越自然和超越自我给人带来的双重快感，是谁都不想拒绝的。福州鼓山石磴道半途，有块摩崖石刻浑然四个大字"欲罢不能"，道尽了登高者的微妙心态。

曲波《林海雪原》中有段文字极精彩：

老爷岭，老爷岭，三千八百顶，小顶无人到，大顶没鸟鸣。

这是民间流传着的形容老爷岭的话。这话一点也不假，真是山连山，山迭山，山外有山，山上有山，山峰插进了云端，林梢穿破了天。虎啸熊嗷，野猪成群，豹哮鹿鸣，羚羊结队，入林仰面不见天，登峰俯首不见地。

古文论中有"文如看山不喜平"的说法。可见山在跌宕起伏中的相对高度，有着特殊的魅力。人冒险"升腾"到高山之巅，所领略的种种美感愉悦，是只看山不登山的人难以分享的。难怪中国民俗中还有个节日曰"登高节"，在九九重阳日。

水之魅力

有山无水，便缺了灵秀之气。山环水绕，刚柔相济，则美不胜收。

水跟山一起，成为自然景观的代表。但水有别于山，它"随物赋形"，生性活泼。小时涓涓，大时涣涣；停时成潭，动时成流；有路为溪，无路为瀑，静时万般柔情，怒时可排山倒海……正由于水的形态无定，它的美也便丰富无比。

水之浩荡、之博大、之渊深者，莫过于海。冰心老人当年喜欢拿海与山相比，在《山中杂记》中禁不住"说几句爱海的孩气的话"：

山也是可爱的，但和海比，的确比不起，我有我的理由！

海是蓝色灰色的。山是黄色绿色的。拿颜色来比，山也比海不过。蓝色灰色含着庄严淡远的意味，黄色绿色却未免浅显小方一些。固然我们常以黄色为至尊，皇帝的龙袍是黄色的，但皇帝称为"天子"，天比皇帝还尊贵，而天却是蓝色的。

在海上又使人有透视的能力……你不由自主地要想起这万顷碧琉璃之下，有什么明珠，什么珊瑚，什么龙女，什么鲛纱。在山上呢，很少使人想到山石黄泉以下，有什么金银铜铁。因为海水透明，天然地有引人们思想往深里去的趋向。

紧接着便"总而言之，统而言之"地说了句脍炙人口的"极端的话"：

假如我犯了天条，赐我自杀，我也愿投海，不愿坠崖。

河与海比

无独有偶，日本近代作家德富芦花拿河与海相比，别有一番审美体验。他在散文《大河》中写道：

> 海确乎宽大，静寂时如慈母的胸怀。一旦震怒，令人想起上帝的怒气。然而，"大江日夜流"的气势及意味，在海里却是见不着的。

> 不妨站在一条大河的岸边，看一看那泱泱的河水，无声无息，静静地，无限流淌的情景吧。"逝者如斯夫"，想想那从亿万年之前一直到亿万年之后，源源不绝，永远奔流……所谓的罗马大帝国不是这样流过的吗？……亚历山大，拿破仑翁，尽皆如此。他们今何在哉？溶溶流淌着的唯有这河水。

> 我想，站在大河之畔，要比站在大海之滨更能感受到"永远"二字的含义。

同一个德富芦花，对"根植于地，头顶于天，堂堂而立"的山，也有属于自己的美学观照与哲思。他走在无边无际的桑原的路上，抬头仰望，这些山峰总是泰然自若地昂着头颅。于是大发感慨道："那些厕身于日常龌龊的生活之中，而心境却挺然向着无穷天际的伟人们，

确乎也是如此吧。"（德富芦花《上州的山》）

走向大自然，常见山势崔嵬，巉岩峥嵘。说它们像众仙际会，像群马饮河，像乱兽奔壑，尽管由你说。

但你不得不承认，是水的活泼使山变得清醒，水的透明使山变得虚怀，水的咆哮使山变得谦恭，水的温柔使山变得含蓄……

有山有水，才算一个完整的世界，有静滞，有奔腾，便是一部辉煌的历史！

为水折腰

水的魅力是无穷的。

它好像是人类的种种性格在自然界中的物化。人们常常从对水的观照中发现自己，或反思自己。

"活泼源头水"，使人想起生命的不竭和不倦，想起循环往复中的更新和充实，从而信心陡增。

"河水清且涟漪"，使人感到透明、静美的可爱。"水把周围的一切如画地反映出来，把这一切屈曲地摇曳着，我们看到水是第一流的写生画家。"（车尔尼雪夫斯基）人类在发明铜镜之前，正是以水为鉴的。希腊神话中那位多愁善感的纳西索斯，从水中发现并迷恋自己的倩影，因当时无法理解那正是自己美貌的投射，而最终苦恋痴迷致死。

说到死，"举身赴清池"的比"自挂东南枝"的要多得多。屈原、王国维……殊途同归，不管有意无意，总把水域当作浊世难觅的"温柔乡"，似乎寻着了超度肉身的最佳归宿，一去竟不回了。

从生物进化的历史来看，水是一切生命的最初发源地，人类即使到了今天，其胎儿也还是在羊水中孕育出来的。遗传基因使人们的潜意识里，对水有一种特殊的亲切感。历代骚人墨客对水的浩歌低吟，似乎要比对山的咏叹来得多，而且寓情寄意，楚楚动人。且看：

李白：君不见黄河之水天上来，奔流到海不复回。

杜牧：鸟来鸟去山色里，人歌人哭水声中。

孙叔向：虽然水是无情物，也到宫前咽不流。

白居易：日出江花红胜火，春来江水绿如蓝。

杜甫：无边落木萧萧下，不尽长江滚滚来。

杜甫：尔曹身与名俱灭，不废江河万古流。

元稹：曾经沧海难为水，除却巫山不是云。

蒋超：妄向镬汤求避热，那从大海去翻身。

苏轼：春色三分，二分尘土，一分流水。

查慎行：清泉自爱江湖去，流出红墙便不还。

海的胸怀

且看那大海——造化最古老而雄奇的工程。

向天索取，向地索取。亿万斯年的积累，亿万斯年的运筹，使海有足够的气魄和胸怀，将地表的十分之七拥入自己的怀抱。

只有大海，敢把陆地看成小岛，把小岛看成沙砾，倘若有一天，所有的陆地都愿意来海世界里做客，大海也有足够的能力，扯起几千米厚的一片柔蓝，不让半寸赤土露在水面受凉。

那时，地球便是名副其实的"水星"。水的性格便是海的灵魂。它永恒地涌动着，不息地奔腾着，以其活泼的豪壮，让一切凝固的尊严显得苍白而卑微！

是的，大海是有生命的。一种崇高的生命。

潮涨、潮落，是大海的呼吸。

涌浪、波涛，是大海的脉搏。

当它发怒时，那种喧嚣，那种暴戾，使人疑心世界的末日就在眼前。

而当它平静时，那份柔顺，那份温馨，则令你相信每一朵浪花都为你开放。

不必太计较：脚下这湿漉漉的一片滩涂，该算大海的边沿，还是算大地的尽头。

金黄色的沙滩、灰褐色的海涂，多像晾了又浸、浸了又晾的大地的裙裾，多像磨了又钝、钝了又磨的大海的锋刃。

螃蟹、螺贝、跳跳鱼，那是大海缀在大地裙裾上的五彩花边；岸石、礁丛、沙砾，那是大地留在海浪雕刀下的工艺珍品。

大海的无休止的生命运动，可以任意摆布和雕塑岸边的一切，唯一赶不走抹不去的，是一串串探海人的脚印。

这包括你、我、他的深深浅浅的脚印，恰是大海生命的一部分，是海之魅力的不朽铭文。

蔚蓝色奇观

大海是丰富而深奥的，读懂它并不容易。

每一簇浪花，都举着一个遥远的故事。

每一个浪谷，都藏着一段悲欢离合。

每一块礁石，每一茎盐蒿，每一枚贝壳，都是一页浓缩的历史，一句深邃的哲理，一个沉甸甸的人生的影子……

也许，从粼粼波光里，从点点白帆上，从翩翩鸟翼下，你可以听到太阳清脆的铃声，听到海底朦胧的音乐。你于是读出了大海的激动，大海的缱绻，大海的热烈而坚忍的母爱。

也许，从海船的眼睛里，从渔网的网眼里，从船上一缕缕直的或弯的炊烟中，你窥见了人类征服大自然的全部历史，窥见了沧海横流中，那伫立涛头的弄潮儿的英雄本色。你于是相信海之子民有比风暴狂澜更伟大的力量，那就是战胜自然，同时战胜自我的蔚蓝色的奇观！

大海是开放式的。它虚怀若谷，无比豁达。

它接纳长河大江，也接纳小溪清流；接纳天上来水，也接纳地下涌泉。纵使泥沙俱下，有污泥浊水、腐叶碎萍不宣而至，大海也不会对陆地筑起高墙。

这就叫"海涵"。

因为它自信。它有着无比博大的胸怀，有着比自己的名字更神奇的沉淀力和消化力，足以激浊扬清，使海世界永葆那片纯净的蔚蓝。

大海没有樊篱。它把陆地割成碎块，又把碎块连成一片。人世间的文化交流、贸易往来、科技传播、游子进出，都通过这座宽怀大度的无形的"立交桥"。

地球因海而浑圆，世界因海而变小，人类因海而亲近……

诱　惑

大海，铺展在天与地之间的大自然的不朽经典，古往今来，多少人为它倾倒，却没有谁敢说自己读全、读透它。

曹孟德读出日月之行，星汉灿烂；高尔基读出暴风骤雨，骎骎而至；安徒生读出光怪陆离，绚烂多姿；海明威读出老人面临的生命的挑战；谢冰心读出愿投海、不愿坠崖的理由……

吴承恩只见那海水：

烟波荡荡接天河，巨浪悠悠通地脉……潮来汹涌。犹如霹雳吼三春；水浸湾环，却似狂风吹九夏。……近岸无村社，傍水少渔舟。浪卷千年雪，风生六月秋。野禽凭出没，沙鸟任沉浮。眼前无钓客，耳畔只闻鸥。海底游鱼乐，天边过雁愁。（吴承恩《西游记》）

凌濛初但见：

乌云蔽日，黑浪掀天。蛇龙戏舞起长空，鱼鳖惊惶潜水底。艨艟泛泛，只如栖不定的数点寒鸦；岛屿浮浮，便似没不煞的几双水鹅。舟中是方扬的米簸，舷外是正熟的饭锅。总因风伯太无情，以致篙师多失色。（凌濛初《初刻拍案惊奇》）

　　大海气象万千，人们临海的机会不同，心境也有别，审美感受自然就因景、因人而异。有的钟情于它的壮美，有的惊异于它的狞厉，有的感奋于它的崇高，有的震慑于它的可怖……但无论谁，做过海的梦也好，涉过梦中的海也好，都无法拒绝和摆脱这蓝色的诱惑。王蒙在《海的梦》中不加掩饰地浩叹道：

　　　　大海，我终于见到了你！我终于来到了你的身边，经过了半个世纪的思恋，经过了许多磨难，你我都白了头发——浪花！

浪花与水声

写到浪花，不由得记起题为《浪花》的一则旧作，信笔摘录如下：

园艺的百花谱里没有记载你，案头的古瓷瓶中不见供着你……你开在"水漂漂"和山蛙逗趣的地方，开在鱼鹰和鳗搏战的地方，开在船刃耕海的地方，开在潮头堆雪的地方……

在我童稚的梦中，你是幽泉摩挲鹅卵石逗起来的笑，你是飞瀑锤锉旧河道溅出来的汗，你是海世界举出水面的力的昭示……虽然，你的体态仅像一朵朵素朴的百合。

打从我临水弄潮，在惊疑的扑腾中吻着了你，我便不再嫌你淡而无味了，真的——

那山菊和野石榴寄意岩泉的远远的流香，会使我想见浣纱女捣衣槌下荡开的理想的梦片，想见放牛人潭边小憩时对山外世界的遐思，怎样地化作甜蜜的游丝，漫天飘移。

呵，永不凋零的浪之花，茫茫水域的精灵，我为你生性的活泼和亘古的热情歌唱，就像你为生命流程的每个脚步频频举花一样……

朱自清对浪花的动态和色彩美的审察与描绘，可谓出神入化了：

那溅着的水花，晶莹而多芒；远望去，像一朵朵小小的白梅，微雨似的纷纷落着。……轻风起来时，点点随风飘散，那更是杨花了。

浪花常伴有悦耳的水声。

水声，是水之美的极致。"寒山转苍翠，秋水日潺湲。"一个"日"字，意境全出。听到叮叮咚咚的滴水声，你会感到幽境的静美；听到汨汨淙淙的流水声，你会感到心原的畅达；听到轰轰哗哗的洪涛声，你必壮怀激烈，载欣载奔……

高山流水，应有知音之会。晋代左思曰："非必丝与竹，山水有清音。"说的是天然的水声美未必不若器乐的奏鸣。所言极是。

雨为天水。"雨打芭蕉"四字，千种风情尽出其中。虎门销烟的林则徐，在福州西湖建了座名为"听雨"的荷亭，个中情由，不言而喻。

更有那"听泉""听涛"……

江河之美

　　海是博大无边的，但内地的人毕竟难得一见。人们更多接触的是江、河、湖、潭。因为它们可大可小、可高可低、可长可短，几乎无所不适、无处不见，哪怕在火山迹地、大漠深处、高原尽头。

　　海太开阔了，很难尽收眼底；海平线无一例外是平直的，因此从形态上看，似乎千篇一律，缺少变化。

　　江河则常以线条的方式铺展于大地。人稍一登高，这或细或粗、或曲或直、或明或暗的形式美，很容易进入视野，因而也易于引发不同的审美感受。

　　清流小水，袅娜轻灵，呈现一种柔媚之美。

　　大川之汇，雍雍穆穆，呈现一种大度之美。

　　河道曲折，逶迤蜿蜒，呈现一种韵律之美。

　　河道畅直，一泻千里，呈现一种气势之美。

　　抛身旷野，放浪形骸，呈现一种洒脱之美。

　　潜形草树，遮遮掩掩，呈现一种含蓄之美……

母性之声

由于透明的水是天然的"写生画家"，不同的天光山色，不同的季节气候，不同的地理环境，都对它产生强烈的影响，因而江河之美也便异彩纷呈，令人叹绝。

且看朱自清对秦淮河的感受：

秦淮河的水是碧阴阴的，看起来厚而不腻，是六朝金粉所凝吗？我们初上船的时候，天色还未断黑，那漾漾的柔波是这样的恬静、委婉，使我们一面有水阔天空之想，一面又憧憬着纸醉金迷之境了。等到灯火明时，阴阴的变为沉沉了：暗淡的水光，像梦一般；那偶然闪烁着的光芒，就是梦的眼睛了。（朱自清《桨声灯影里的秦淮河》）

再看看刘白羽对闽江的印象：

头一眼看到江，是在天刚刚亮的时候，使我非常之惊奇的，是那江水的绿，绿得浓极了……原来雄伟的山，苍郁的树，苔染的石壁，滴水的竹林，都在江中投下绿油油倒影，事实上是天空和地面整个绿成一片，就连我自己也在闪闪绿色之中了，这真是："醉人的绿呀！"不过马上使我从那一团浓绿中惊醒的，却是闽江

的险峻的急流。（刘白羽《急流》）

以上两例可见天光和野色对江河的影响。而节气又是怎样丰富着江河的情采呢？不妨一阅郑九蝉对冰雪消融中的北国江河的描述：

> 松花江和黑龙江有两种开法。一种叫文开，一种叫武开。文开好说，大姑娘似的，稳稳当当，恬静意悄，冰儿慢慢裂了，水儿慢慢地漫上来，浪推着浪，冰推着冰，叮叮当，当当叮，好像古塔清寺响风铃。可是，一到武开，两条江就变成老妖婆。又刮风又下雨，下游不开，上游开，水在冰底下翻腾，狂风摇得柳毛林子倒下起来，起来又倒下，浪头似的乱卷。"咔喇喇"一声，震天动地，活生生把冰封的江面给鼓开。立刻几丈宽窄的冰，推上岸，鱼亮子小马架，一眨眼，就摧得溜平。大柳树"咔喇"一声，拦腰斩断，水急冰飞，江面一窄，霎时筑成五六道冰坝，水位呼呼上涨……（郑九蝉《县委大楼的"劳金"》）

河道的宽窄，落差的大小，地势的平仄，则直接影响河流的声息。罗曼·罗兰在《约翰·克利斯朵夫》一书中有段描写可谓妙极：

> 万籁俱寂，水声更宏大了：它统驭万物，时而抚慰着他们的睡眠，连它自己也快要在波涛中入睡了；时而狂号怒吼，好似一头噬人的疯兽。然后，它的咆哮静下来了：那才是无限温柔的细语，银铃的低鸣，清朗的钟声，儿童的欢笑，曼妙的清歌，回旋缠绕的音乐。伟大的母性之声，它是永远不歇的！

你我倘遁入自然，千万别忘了追寻和辨认这不歇的母性之声，那是造化对赤子最温馨的抚存。

湖潭的情采

　　江河呈线条的形态撒欢于川野。

　　湖潭则呈面的形态点缀于大地。

　　江河每以活泼、潇洒、雄浑和豪放取胜。

　　湖潭则以沉稳、端庄、宏阔而含蓄诱人。

　　我国的太湖、洞庭湖、青海湖、滇池，以及散布在北美的一类大湖，虽不及大海的恢宏壮阔，但其舒展和坦荡的形象，常使内陆的人肃然起敬。

　　单说那洞庭湖，已是美不胜收。南宋词人张孝祥乘扁舟一叶，泛入"玉鉴琼田三万顷"，但见"素月分辉，明河共影，表里俱澄澈"，不由拊膺叹曰："悠然心会，妙处难与君说。"（张孝祥《念奴娇·过洞庭》）

　　善于勾勒细节、描绘场景的现代作家叶紫，洞庭一游归来，援笔于手，竟也不得不直说："黄昏的洞庭湖上的美丽，是很难用笔墨形容得出来的。"（叶紫《湖上》）

　　面积较小的湖泊，却也别有一番情趣。

　　譬如杭州西湖，东坡居士不惮媚俗之嫌，欲把西湖与春秋时越国的美女西施相比，说它和她一样，"淡妆浓抹总相宜"。白居易也毫不讳言地承认："未能抛得杭州去，一半勾留是此湖。"连吴敬梓在写《儒林外史》时，也不忘盛赞西湖"乃是天下第一个真山真水的景致"。

诸如北京的昆明湖、南京的玄武湖、济南的大明湖等，皆因它们本身所具有的秀婉之美、清逸之态，且濒临都市，人们难免要把它们纳入园林景观的开辟规划之中。经历代人工重塑，这类小家碧玉般的湖泊，已不再属于纯粹的山水美，而成为园林美的一部分了。

因此此处不作细说。

"池塘生春草"

却说那幽潭、浅池，因其形态常以"点"出现，且多半散布于深山涧壑、荒郊野径，故而每每以其野趣可人。

"池塘生春草"，南朝诗人谢灵运极质朴的五个字，写尽大地回春时的无限生机。金代元好问大赞其美曰"池塘春草谢家春，万古千秋五字新"，宋代吴可甚而说"春草池塘一句子，惊天动地至今传"。评论未免过分了点，但谢公似乎不经意的一笔，确乎尽得风流，而这风流，正来自池塘的自然美，在当时一片绮丽萎靡之声中，显得格外清新、洒脱。

柳宗元的《小石潭记》，有口皆碑。妙在写尽石潭的荒僻、寂寥、悄怆、幽邃，可洗劳尘，可遂清栖之志，却又因"其境过清，不可久居"，此中心态，一言难尽。

朱自清把荷塘之美表现得如朦胧仙境，而梅雨潭又是怎样的精彩呢？

　　我的心随潭水的绿而摇荡……这平铺着、厚积着的绿，着实可爱。她松松地皱缬着，像少妇拖着的裙幅；她轻轻地摆弄着，像跳动的初恋的处女的心；她滑滑地明亮着，像涂了"明油"一

般，有鸡蛋清那样软，那样嫩……但你却看不透她！　（朱自清
《绿》）

潭或池，因其小巧，常有草树掩映、碎萍浮面，故大都波澜不惊，
静如处子；倘有清风徐来，也只"吹皱一池春水"。那形象，楚楚动
人，又端庄含蓄，确令人有"看不透她"之慨。

而"看不透她"，正是她的魅力所在。

山水的服饰

山水之美离不开草木花卉的烘托。

火山迹地，没有植被；瀚海大漠，不见草树。人们可以感受其苍雄之气，并由此引发许多哲思，却很难捕捉更多的审美愉悦。那些荒山秃岭、穷山恶水更不消说了。

而就耽情山水的人来说，倘若你登高而不领略杂花生树，临水而不留意烟柳风荷，蓬蒿与修篁莫辨，乔木与灌丛难分，那么，你就无法真正步入美之殿堂，也就是说你浅尝辄止了。

好一个墨憨斋主人冯梦龙！请看他的《醒世恒言》对各种花卉及其品格是何等熟识：

> 梅标清骨，兰挺幽芳。茶呈雅韵，李谢浓妆。杏娇疏雨，菊傲严霜。水仙冰肌玉骨，牡丹国色天香。玉树亭亭阶砌，金莲冉冉池塘。芍药芳姿少比，石榴丽质无双。丹桂飘香月窟，芙蓉冷艳寒江。梨花溶溶夜月，桃花灼灼朝阳。山茶花宝珠称贵，蜡梅花磬口方香。海棠花西府为上，瑞香花金边最良。玫瑰杜鹃，烂如云锦，绣球郁李，点缀风光。说不尽千般花卉，数不了万种芬芳。

　　要不是担心离题或过于冗长，这位老先生还会信手列出许多，如数家珍。

　　喜爱花，了解花，也才能敏锐地感知到花之美，捕捉到不同花种的美的特质。

花之色香

花之美，其一在色。

"万紫千红"一词，以花为注脚，没人妒忌。

"乱花渐欲迷人眼"，迷在花的斑斓多彩。

红的，有"红杏枝头春意闹"。

白的，有"千树万树梨花开"。

黄的，有"满城尽带黄金甲"（指菊花）。

五指山兰花，色有翠绿、青绿、淡绿，也有米黄、灰白的。一年四季开花，含金吐玉，瓣状如舌，绛红紫青，浅蓝淡白……

还有那郁金香状的、淡紫的或乳白的吊钟花，太阳下发出青辉、傍晚即进入暮年的又蓝又红的矢车菊花，红的、白的、粉红色的三叶草花，甚而有黑的、绿的花，如牡丹的一些稀有品种，更奇的是月季花，同一朵花上可出现混色或镶色，同一株里可开出不同颜色的花朵，真是"姹紫嫣红开遍"。

散文家杨朔把"雪浪花"写活了，他对真花也观察得细致入微，且看他在《茶花赋》中对花的色彩的一段描写：

远远就闻见一股细细的清香，直渗进人的心肺。这是梅花，有红梅、白梅、绿梅，还有朱砂梅，一树一树的，每一树梅花都是一树诗。白玉兰花略微有点儿残，娇黄的迎春，却正当时……且看那一树，油光碧绿的树叶中间托出千百朵重瓣的大花，那样红艳，每朵花都像一团烧得旺的火焰。这就是有名的茶花。不见茶花，你是不容易懂得"春深似海"这句诗的妙处的。

花之美，其二在香。

王安石在《梅花》一诗中写道："墙角数枝梅，凌寒独自开。遥知不是雪，为有暗香来。"

这位"不以词名，却有名篇"的宋代政治家，尚且可从浮动的暗香来辨认凌寒的白梅，可知花之香味赋予惜花人的敏感，不亚于色彩。

在夜的公园里，不期然闻到一种特殊的浓浓的幽香，你会脱口赞道："啊，夜来香！"猛吸几口，几欲醉心。这种花，其貌不扬，花骨朵小且色泽清淡，却以香著。

兰花更是如此。"能白更兼黄，无人亦自芳。寸心原不大，容得许多香。"明代张羽咏物喻人，借的是花香。

主要以花香引人的桂花，簇生在叶腋处，极不醒目，但其香味可因风送出数里之远，人们昵称它为"九里香"。有些城市还选它为市花呢，比如杭州。秋时往西湖赏"满陇桂雨"，其秀色可餐，香味亦可餐也。

素洁而醇香的"凌波仙子"几乎无人不爱。宋代诗人黄庭坚收到友人送来的水仙花时，诗兴大作，说它"含香体素欲倾城，山矾是弟梅是兄"，并感慨系之，会心地诘问："是谁招此断肠魂，种作寒花寄愁绝？"真像是"坐对真成被花恼"了。

也有香味并不浓郁的花，如"蕊寒香冷蝶难来"的菊花，倒也给人一种逸然清奇的联想，人把它视为花中的隐逸者，而生出别一种敬意。

花之形态

花之美，还在它的形和态。

花的形状千差万别。球形的花让人感到雍穆、温和，扇形的花让人感到灵捷、清爽，星形的花让人感到舒展、豪放，塔形的花让人感到沉稳、安详，钟形的花让人感到有铃声可闻，喇叭形的花则让人感到童趣盎然……

同种而不同类的花竟也千奇百怪。单说那百菊，有的如帅旗，有的如金发，有的如托桂，有的如举莲，有的如飞瀑，有的如珠帘，有的如葵盘，有的如绿荷，可谓异态纷呈，令人叹绝。

花的静态悦目怡神，花的动态更可摇人心旌。

二十四番花信风，一候是梅花，开得最早。且看看它何等绰约多姿，风采照人。

诗人蔡其矫说梅花在清瘦未放时，常被当作桃花看："一旦浩荡春风触青枝，雾雨连绵侵冰肌，舒绿叶，展愁眉，开笑靥，发皓齿，一杯红酒报知己，芳心不惜为春醉……"

鲁迅也惊异于"几株老梅竟斗雪开着满树的繁花，仿佛毫不以深冬为意"。

曹雪芹则细察"其间小枝分歧，或如蟠螭，或如僵蚓，或孤削如笔，或密聚如林，花吐胭脂，香欺兰蕙"。

吴伯箫却发现其"落花也不萎蔫，风吹花落，很担心花瓣会摔碎，那硬挺的样子，仿佛哈口气会化，碰一碰会伤。但是梅花可并不是娇嫩的花，它能在数九隆冬带着雪开哩。'众芳摇落独暄妍'，天气越冷，开得越精神"。

开得"精神"，正是梅花形态与品性的写照。其他花也各有特出的个性，比如莲花，"出淤泥而不染，濯清涟而不妖，中通外直，不蔓不枝，香远益清，亭亭净植，可远观而不可亵玩焉"。宋朝理学的开山祖周敦颐感此而作《爱莲说》，传颂千古，盖因其探得"花中君子"的神理，并借以明志，而为后人所推崇。

生命之树

　　杂花生树。这树，可谓植物中的伟丈夫。作为个体，可扶摇数十米高耸入云，可垂荫百十步团团如盖；作为群体，可成行成排如绿色长城，可成丛成林使江山凝碧。

　　山水之美，离开绿树的掩映和妆点，便不可思议。

　　树因其高，如旗，如塔，如伞盖，如华表，令人仰之慕之，心生腾升之想，而激情鼓荡。

　　当你拍着了粗壮的树干，会感到一种可靠的安全感，而心神弥定。倘偎进了千百龄老树的怀里，你会觉着自己走进了历史，或幻见一个童话的世界，哲思和诗心一并苏醒过来，兴许会感到片刻的晕眩呢。

　　榕树，南国最宏伟最壮美的风景树。其根枝系统之庞大和古怪，简直无与伦比。你看，银灰色的大小虬根，大量地裸露于地表，如奔龙，如走蛇，互相盘绞，互相缠错，时分时并，挤挤拥拥，或滚动于岩隙，或凸出于淤泥，那气势，那场面，乍看来，直如狂涛扑向海岬一声轰鸣甫落时的突然定格，兀地给人以宏观与狞厉之美的震慑。

　　有趣的是那枝丫上长出的一绺绺气根，如寿星的胡须般因风飘拂，给榕树平添了几分长者的宽怀和持重。这气根一垂及地面，便不再摇曳，一头扎进土里，孜孜地疯长成粗干，如栋如柱，与老枝干互相撑抵，构成大洞小洞，玲珑四达，共同举起一个巨大的树冠。清初屈大均把垂荫如盖的大榕树喻为"榕厦"，再贴切不过了。

榕树之美更在于它的内在的强大生命力。坐落在福清一中校园内的一棵数百岁老榕，在一个雷鸣电闪的风雨夜訇然断裂倒地。奇的是这残体匍匐在地不出数载，那扑地的一半，顿悟了自己的天职似的，原先悬空的气根个个抓住了大地，与残存的枝丫一道，重新组成不朽生命的新的载体，一杆杆一簇簇，把许许多多绿色的旗帜同时举向天空，宣示着春之精灵的不息的歌唱。

这是怎样令人激动令人感奋的大自然的奇观啊！

树的美感效应

　　宗教文化里有灵物崇拜和自然崇拜之说。无论你如何臧否毁誉，人们常常在欣赏树之美时，对树的种种品性寄予不同程度的崇仰之情，甚而虔诚地把心目中的圣树，引为自己处世立身的楷模。这种美感效应是超宗教的、极为可贵的。

　　松，节峻阴浓，能耐岁，解凌冬。口侵碧汉，森耸青峰，偃蹇形如盖，虬蟠势若龙……冯梦龙说它"四季常持君子操"，王安石说它"岂因粪壤栽培力，自得乾坤造化心"，李白说它"松柏本孤直，难为桃李颜"，杜甫则大叹"新松恨不高千尺"……

　　松树以其"高洁"，以其"后凋"，以其"罹凝寒"而"挺且直"，无论古之仁人志士，还是今之无产阶级革命家，都引为操守的表率。可见松树之美的品性，具有何等巨大的感召力。

　　仍说那榕树。

　　福州自宋代太守张伯玉发动居民按户种植榕树，并护之成荫后，便有了"榕城"的美称。历代多少闽海子民，以榕树的品性陶冶自己，而成为民族的精英。

　　宋代杰出政治家李纲曾作《榕木赋》云："垂一方之美荫，来万里之清风……虽不材而无用，乃用大而效显。"诗言其志。他在被罢官回榕期间，一听说宋高宗和秦桧欲向金称臣时，又挺身而出，置生杀于度外，愤然上书，抨击南宋王朝偏安一隅、屈辱求和的投降政策。他和榕树一样，无私无畏，愿献出自己的一切，为后世"垂一方之美荫"。

明代民族英雄黄道周曾作《榕颂》，盛赞榕树不生虫蠡、不受世悦、不随陨落、不离本性等种种美德。树犹如此，人何以不深明大义？黄道周不幸被捕后，洪承畴以旧友同乡之情劝降，黄反唇相讥，写了副对联："史笔流传，虽未成名终可法；洪恩浩荡，不得报国反成仇。"以巧妙的谐音字，表示对民族英雄史可法的深深敬仰，并谴责了洪承畴的无耻行径。这忠信死节，大义凛然，不正是榕树的性格吗？

把榕树当作有灵性的自然物加以珍惜与呵护，成为福建人民的一种传统自觉。这里面，不也可以看出景观美与人文美相谐相生的极致吗？

难怪巴金老先生在《鸟的天堂》一文中，会不惜重墨描写、赞誉这"美丽的南国的树"。

童话世界——森林

森林，可是大小、新老、高矮的各种树木的"合众国"。它以面的形态广披于大地之上，为赤裸的五色土盖上一层充满生机的暖绿。

自然界怕只有林涛，堪与海涛约略相比，大森林于是才有"林海"的美称。

森林之于大地，似乎只是一块二维的平面。但人一旦深入其间，这林莽便是个无比深广、无比幽邃又无比充实的立体世界。

那是一部无始无终的生物进化史。

那是一个多序多列的生态坐标系。

那是一场天然的活的标本博览会。

那是一套无赝品无盗版的大百科全书。

人探足森林不时会迷路，不全因为缺少指南针，还因为它太美了，美得让你"物我两忘"了。

只要读读屠格涅夫的《猎人笔记》，你就会想象到那是怎样一个迷人的童话世界：

> 树林到了。阴暗而寂静。端正的白杨高高地在你上面瑟瑟地响，白桦的长而下垂的枝条几乎一动也不动，巨大的橡树像战士

一般站在美丽的菩提树旁边……大而黄的苍蝇一动不动地挂在金色的空气中，突然地飞去；蚊虫如云地群飞，在树荫里发亮，在太阳里发黑；鸟安闲地唱着歌。鹌鸪的金嗓子天真地、噜苏地、欢乐地响着，同铃兰的香气相调和。再走远去，再走远去，走到树林的更深的地方……一种说不出的静寂充满了心中；四周那么睡气沉沉而肃静。但是忽然风吹来了，树梢萧萧地响，仿佛落下来的波浪。有些地方，从去年的褐色的落叶中间生出很高的草来；香菌各自戴着自己的帽子站着。白兔突然跳出，狗发出响亮的吠声在后面追赶……

你也许探足过森林，那是一种幸运，跟临海弄潮一样，那印象不可能从你脑海抹去。

而当你离开后回过头来揣摩森林的时候，会不会油然生出另一番美感愉悦呢？比如巴西作家亚马多在《无边的土地》中所写的：

森林在安睡着，没人来打扰它的清梦。白天和黑夜轮流地在它的上空消逝……它像一片海洋，还没经人探测过，紧锁着自己的谜。它像一个处女，情窦未开，心里还没有过情欲。尽管都是千年古木，这森林还是像一个处女，又可爱，又明媚，又年轻……

"离离原上草"

你可能难得见到海，难得见到森林，但你一定像熟识树和花一样，熟识"没有花香、没有树高"的草。

草，命贱，却硬，好活好长。离离地、萋萋地、柔柔地、芊芊地长。天涯何处无芳草。虽一岁一枯荣，而"野火烧不尽，春风吹又生"，那不屈的灵魂，不泯的生的希望，能不令人感动？

何况，这顽童处子般的小小精灵，"委翠似知节，含芳如有情"，常常以胴体的温馨气息，滋润着、抚慰着天涯游子的离索之心。唐边塞诗人岑参只因"出关见青草"，便忻忻然放歌"春色正东来"。而"风吹草低见牛羊"的塞外风光，又撩动多少人深爱故国山河的切切情怀。

国人与草感情由来已久。《诗经》中常可见到对芳草的吟哦，如"蒹葭苍苍，白露为霜"；晋乐府古辞中也有"阳春二三月，草与水同色"之类的清韵；屈原在《离骚》中，用楚地的诸多香草寄托自己美好的理想和高尚的志趣；鲁迅先生也津津乐道于滋养他的浓浓童心的"百草园"；至于"国粹"中医认定草可医百病的渊渊源源，更是说来话长了。

　　你经历过村居生活吗？你放牧过牛羊、放牧过鹅鸭、放牧过自己的童心吗？你在草坪上仰天打过盹，在草甸上翻过跟斗，在草滩上捉过蜻蜓、掏过螃蟹吗？要不是太阳落山了，爷爷奶奶的呼唤声起了，牛羊鹅鸭们也长一声短一声吵着要回栏，你会情愿早早离开那迷人的如茵之地吗？

　　清代诗人高鼎在《村居》中再现了这样一种美好的诗境："草长莺飞二月天，拂堤杨柳醉春烟。儿童散学归来早，忙趁东风放纸鸢。"你可能也没少在野地里一颠一颠地放过风筝，因此不难体味诗中的意境；但你是否想过，这充满孩趣的美的享受，正是"草长"季节的馈赠呢！

　　谁都不愿负于这大自然的赐予。罗曼·罗兰也不例外：

　　　　一片辽阔的平原，微风挟着野草与薄荷的香味，把芦苇与庄稼吹得有如涟波荡漾……啊，多美！空气多甜蜜！躺在那些又软又厚的草上多舒服啊……

　　醉了，作家和主人公约翰·克利斯朵夫一起醉了，还有读者如你我……

天对地的影响

　　山、水和树木花草之美并不是相互孤立的，也不是抽象的。它们是和谐的整体。它们无一例外地存在于具体的时间与空间中。因而，寒暑易节、时辰差别及气候变化等，都影响着山水景观以不同的审美特征呈现于世。

　　最易于理解的例子莫如太阳。不同时空中的太阳，呈现着不同的光色形态，给人的美感也便有异。而同一种自然物——比如海，在不同时辰的太阳的光照影响下，所焕发的魅力更是迥然有别。你看——

　　日出之前的海面，是那样温柔，那样含蓄，仿佛少妇在静候新生命诞生的第一声啼哭。海天之间，"先是一线暗红色，旋即化为橙黄色、堇紫色、琥珀色、银灰色。就在这短短的一瞬间，一轮红日从海上涌出，光华四射，灿烂夺目"（何为《"汤匙船"和远航的船队》）。

　　当太阳冉冉升起，你看那"粉红的天空中，曲曲折折地漂着许多条石绿色的浮云，星便在那后面忽明忽灭地眨眼。天边的血红的云彩里有一个光芒四射的太阳，如流动的金球包在荒古的熔岩中；那一边，却是一个生铁一般的冷而且白的月亮"（鲁迅《补天》）。

　　于是，"大地苏醒了，树叶从沉睡中扬起头，水波从凝静中张开眼，一切曾经被黑夜掩盖了的，都露出了鲜红的笑靥，花朵带着珍珠般的露珠，在第一线战颤的阳光中，显得那样的鲜艳可爱"（刘白羽《平明小札》）。

再看那打鱼人停舟罢棹的黄昏。原先蓝的白的透明的海浪，这会儿"跳跃着金眼睛重重叠叠一排接一排，一排怒似一排，一排比一排浓溢着血色的赤，连到天边，成为绀金色的一抹。这上头，半轮火红的夕阳"（茅盾《黄昏》）。

渐渐地，整个的天空和海洋随着云霞的色彩变化而暗下来，继而，"陡地一亮，落日终于从云霞的怀抱里落到了海上，好像吐出了一个大鸭蛋黄，由橙黄、橙红，变得鲜红，由大圆变成了扁圆，最后被汹涌的海潮吞没了"（王蒙《海的梦》）。

太阳换成了月亮，夜的大海自然又是另外一番迷人的景象了。可见天象对地貌的影响是如何之大了。

美景还需捕捉

所谓"良辰美景"，就是说，许多美景并非随时都处于美的极致状态中。它有待于欣赏者留心捕捉时机，捕捉某种时空中最具神韵最能激动人心的自然之美。

比如旭日喷薄前，你赶到泰山极顶；云海苍茫季节，你悠悠拾级黄山；海上明月共潮生时，你携友彳亍沙滩；中秋节后几天，前来目击钱江大潮……这就算你很能及时、准确地捕捉美的信息了。在这些"良辰"中，你可以领略到你所期待的不可多得的巨大美感愉悦。那是大自然在特殊气候条件下赐予我们的特殊馈赠！

季节更换，昼夜交替，最是美不胜收时刻。

很少有人歌颂中午。

黎明和黄昏，却为芸芸众生所独钟。

因为这两个最辉煌、最悲壮、最撩拨人心的时刻，都诞生在昼夜之交。

你看那黄昏，池鱼归渊，渔人罢棹，炊烟唤子，客旅贪程……于天末奇丽的变幻中，可以听见夕阳吻地的轻响；那投林的倦鸟，也便如诗人焚烧的手稿，载着落日的殷殷血焰。

　　——黑夜是白天的归宿。是黄昏，把幽冥的手捂在大地的眼睛上了。

　　再看那黎明，一切都走向明朗，走向立体，走向白热，却也走不出渊源。早霞延自夜前的残照，晓日便是昨晚的夕阳。生命的生生息息，爱情的朝朝暮暮，世事的消消长长，恰似这天图地象，不倦地说着无定，也说着永恒。

　　——白天是黑夜的希望。是黎明，把苏醒的眸子重新举过灿烂的地平线……

　　黑与白之相映相照，昼与夜之相追相逐，明明灭灭，如火如荼，那正是天地间美的极致。

　　在这大自然的神妙语码的努力破译之中，哲理的憬悟伴随美的鉴赏一并而来，使你灵魂得到净化，性情得到陶冶，心胸为之一阔，泛起一种诗的微醺，一时间极想歌山歌水、载欣载奔了。

　　山水之美可以勾魂，于此足信。

人文美

"第二自然"——园林景观

　　从某种意义上说，人，也许真可谓"宇宙的中心"。无论有意无意，人们总喜欢接受"万物皆备于我"这样一种格局。

　　美学家车尔尼雪夫斯基说："构成自然界的美的是使我们想起人来（或者，预示人格）的东西，自然界的美的事物，只有作为人的一种暗示才有美的意义。"

　　梅的冲寒傲骨，兰的端庄素洁，竹的刚直有节，菊的坚忍坦诚，松的伟岸长青，鹤的超群脱俗，等等，自然物的品性素质倘与人们所尊崇的精神品质相近或相吻，人们便引以为美、为友，甚而为师表、为图腾。

　　因而人们所津津乐道的自然、实际上已经是人化的，或曰拟人化的自然。人们似乎确信自然景物与人类社会生活的美有着相类似的特征。

　　倘若某种自然物或某处自然景观有着不尽如人意的地方，人们就会感到某种遗憾。于是千方百计地改造它，按人的意志和理想重塑它。比如对牡丹、金鱼、笼鸟羁兽、庭树盆栽的"天择加人择"的"优化"工程。

集这种"人化自然美"之大成的，要算人类群居地附近不断涌现的园林景观了，即所谓的"第二自然"。

园林美，是人类在解决温饱之后，为了满足精神上的需要，满足久耽于市嚣后对自然山水之美的加倍渴望，而苦心经营创造出来的。

园林景观是山水景观的延伸或缩影，园林美的灵魂仍是自然美。只是少了点苍古、雄浑和天成之趣，多了点创造者自身力量、价值取向和审美理想的折射，以及渐渐积淀下来的浓浓的人文气息。

园林艺术的物质基础，仍然是充满生命活力的有机自然物。因而许多出色的园林，往往是在顺应自然原来风貌的基础上，赋予创造者某种精神上的追求。

"钟灵毓秀"的自然形胜之处，或至少是有山连脉、有水通源的地方，才有条件开辟尽可能不失天然意趣的园林。即便是人工斧凿的模拟山水乃至微型盆景，也要遵从自然态势和存在规律，极力做到以假乱真，不露痕迹，缩万象于弹丸而以小见大，得造化之神理而思接千载，使观赏者不出远门而如临虚界，如闻天籁，在归真返璞的遐想和憧憬中，寻取片刻的清宁和欢愉。

"天然"效果，是历代园林艺术家所悉心追求的。它符合都市人崇尚自然的心理，因而也不断地在园林美的旅程中得到强化。

形式美

园林美对自然神理的执意捕捉，常常体现在对形式美的把握上。

无论中国古典园林还是颇具代表性的欧洲园林，都恪守着形式美的法则。

自然山水尚且以强烈的形式感激荡人心，作为山水美向街市美"过渡"的园林艺术，舍此形式上的美感又如何能引人入胜？

园林艺术是实实在在的空间艺术，是通过山石、湖池、草木、花卉、路桥、楼舍、雕塑、墙篱等实物的巧妙的"排列组合"，来表现诗情画意的。

由于不同国度、不同民族在意识形态——文化积淀、民族性格、思维定式、价值取向、审美趣味等方面存在着差异，因此各自对诗情画意的理解和追求不同，在园林艺术中所创造出来的形式美便也异态纷呈，各具风格，难分伯仲。

拿中国的古典园林与西欧的古典主义园林相比，我们可以看出：

欧式的，比较开朗、直露。构图上喜欢取轴对称的几何形体，布局上讲究均衡有序，实物摆列图案化，道路取直，树形划一，似乎在刻意追求一种宏阔气派，让你一览无余而美不胜收，受到一时间的震慑和激奋，体味到人类驾驭自然超越自然的巨大创造力。

中式的，则比较纤婉、含蓄。它不喜欢对称、均衡，只追求一种内在的秩序；它顺应自然，因地因势加工点化，尽量做到"天然去雕饰"；它讲究曲径通幽，峰回路转，疏落有致，前呼后应；它尽可能不让人一览无余，而是遮遮掩掩，犹抱琵琶，乍开乍合，"欲语还休"，常在人们"疑无路"时忽得"又一村"的惊喜。

欧式的，常不加掩饰地张扬君权政体的宏大气象，表现人的自由意志，和改造身外世界的强烈愿望；它就像一部慷慨激昂的交响乐。

中式的，则不无得意地表明士大夫阶级的闲情逸致，流露人对自然的皈依和利用自然环境取悦于人的那份狡黠；它就像一首柔婉风雅的抒情诗。

真山真水的引进

"交响乐"与"抒情诗"之说，只是就两种形式美表现风格不同的园林艺术给我们留下的基本感觉而言，属于审美上的大体比较。

单从中国古典园林之风采看，以"抒情诗"一言以蔽之，也涵盖不了其兼收并蓄又各标一帜的丰富性和多样化。

但这不应影响我们对典型例子的援引和分析。比如下面所要说到的中国城市至今常见的古典府宅园林。

年代久远而特色犹浓的府宅园林，其美的组成因素之一，仍然有求于山与水的灵气。

无论是皇家宫苑，还是私人园林，造园的目的莫不为了避开市嚣劳尘，得享林泉之乐的一时满足。因此山水不管真假，在园林建构中都显得特别重要。

最理想的自然是真山真水的"引进"。

你游览过厦门鼓浪屿的菽庄花园吗？这原是座私人花园别墅。园主林氏系台湾富商，甲午战争失败后台岛沦陷，举家避居鼓浪屿。为随时东望故土，园林选址时特选在日光岩下倚崖临海的一隅。建园时有意利用天然地形，牵海角几片、纳山石数方于园中，又仿《红楼梦》

大观园中怡红院的形式，精心布局，巧妙点化。

全园分"藏海""补山"两大部分。

妙在借天然山岬以藏海，使园中有海之吞吐、水之激滟。从园门进，视线先被一堵短墙所挡，须穿过拱门，方可一览从园内向外逶迤甩出的海流。其间有百余米长的"九曲四十四桥"，从园腹蜿蜒地趟向海心，与山岬的突出部相连。桥上有观钓台、渡月亭、千波亭等亭榭以及"海阔天空"叠石等，山海异趣，于此可尽得。

又妙在添怪石以补山之峥嵘，于是有"十二洞天"或曰"连环洞""猴洞""迷魂洞"的胜景。这人工与天工合作的假山连环洞，内有十二洞室，曲折相通，上下盘旋；洞顶为顽石山房，相传是当年园主的读书处。在如此佳妙处读得进书，也真可以佩服了。

造景与神似

　　说到"假山""假水"，不可因了一个"假"字先就不以为然。

　　园林再大，毕竟"版面"有限，容不进万仞之山、百川之汇。此间的山水比之大自然中的山水，大凡只能求其神似而难得形同。

　　园林艺术家的功夫，在于"无中生有"，又能"以假乱真"。使人明知其假，而因神形毕肖、情趣盎然，于扑朔迷离中如坠造化的怀抱，获得"假中见真""宛自天开"的美感效应。

　　要想达到这种效果，造景的材料本身应具有自然物的审美特征。

　　那假山、磴道、濠涧，应取天然石垒砌，不该是水泥、沙包、塑料敷衍而成的人造"道具"。

　　那湖池、流泉、瀑布，也应引天然水源活泼其间；倘以幻灯投影之类的舞台特技代之，岂不弄巧成拙，大煞风景。中国古典园林中常见的造"假山"材料，大抵有湖石和黄石等几种。

　　湖石因是一种石灰岩，在自然界风雨走水的长年溶蚀雕镂下，形状古怪，美妙绝伦。或坚挺遒劲，风骨绰然；或凹凸多变，纹理毕现；或孔穴密布，玲珑剔透；或拟人拟兽，鬼斧神工。用这种石头建造假山，只要心裁、手裁俱到，可以做到轮廓线条逶迤曲折，峰势峥嵘，涧壑跌宕；山表凹凸错落有致，山内洞府幽深连绵；水脉时隐时现，磴道平仄相宜；身临其境，移步换形，可领略湖石山玲珑而刚健、精细而空灵、小巧而放达的美感。

想掠湖石假山之美，不妨到苏州环秀山庄一游。

而要猎黄石掇山之奇，则不可不进大上海的豫园走走。

黄石浑厚朴拙，简约少棱，如憨直持重、不假修饰的一介田夫渔子，先就给人一种可靠的感觉。用这种石头垒叠成的假山，虽不若湖石山的参差崴嵬、玲珑通透，却能以其磅礴舒展、凝重质朴的气象，使人如履造山运动的远古迹地，领略到天工开物的斧斤之妙，壮伟和崇高之感于是一并而生。

意境美

"水随山转，山因水活。"很难想象没有水域的园林是何模样。水，是园林艺术的"上宾"。

最理想的自然是"贪天之功"，临水构园。厦门菽庄花园因海而建，海之万象咸集，浑成南国一胜；北京颐和园因湖而筑，湖之百媚尽得，堪称北国奇葩。

这种得天独厚的天然条件，并非四处可取。更多的园林只能靠筑堤凿渠，引水入园；或就地开掘泉眼，请地下水上地面一展风流。

方寸之间，无法再现江海巨流的洋洋大观。但可对活水巧加摆布，或拓地成池，或蓄势成瀑，或分流走水，或因山盘桓，使大自然中呈面、呈线、呈点、呈幕等种种状态之水缩形于咫尺，与山石、建筑、花木、草树形成虚实对比、动静对比、刚柔对比、开合对比，相映成趣，意境迭出，令人游目骋怀，神思邈远。

要增添意境之美，还得请水声帮忙。园艺师们常以人工手法，"制造"出多种美妙的水声来，唤起游人的五官交感。

听得水声叮咚滴答，寻声而去，常可觅得岩间一隙细流，或洞壁数缝漏水，美其名曰"漱玉""三叠泉"或"天然琴声"，以助听泉之乐。

倘闻水声潺潺作响，那必是有意引水斗折而行，或设其跌宕，使泉石激韵，撩人心弦。

而水声激越者，如十音协奏、八乐和鸣，如戎马倥偬、军旅夜行，那便是瀑布的喧响了。你去过北海，去过无锡的寄畅园，那么"濠濮涧""八音涧"的泉瀑之声想必今犹在耳吧。那热烈奔放的气势，加上山壑曲涧共鸣造成的氛围，能不使人脚底发痒，飘飘然作凌虚之想！

还有那水色之美，水的光彩之美，使园林变得分外妖娆。

水，无色、透明，可倒映万物，又可柔化、淡化、净化它们的色彩。在绿肥红瘦和山差石互中，忽遇一泓静水或几弯清流，那素淡清新的调子会令你悦目怡神，仿佛看倦了大红大绿的年画后，不期然翻到一页淡彩写意山水。

天是水世界的常客，因此常常是"上下天水一色"。且看草明缘湖走笔：

> 没有风，天空是蔚蓝的，太阳照耀着这深绿色的平静的湖面，活像一面平平的、起着反光的镜子。阳光猛烈的时候，湖面是白色的，闪亮的；平时，湖却是柔和深绿色，像一块厚玻璃似的……下起细雨来，玉带湖更是迷人地美丽，那是银灰色的朦胧的一片，像半醒的美女，又像带泪的婴孩——那么单纯，那么可爱。（草明《原动力》）

夜色中又是如何景象呢？再看巴老泼墨：

> 湖水静静地横在下面。水底现出一个蓝天和一轮皓月。天空嵌着鱼鳞似的一片一片的白云。水面浮起一道月光，月光不停地

流动……湖水载着月光向前流去。（巴金《秋》）

这种"半亩方塘一鉴开，天光云影共徘徊"的意境，每令游人如入梦园。泛舟水面也罢，流连堤边也罢，总觉有一种漂浮感油然而生，不禁惊喜在心，乃至于作声叹绝了。

这便是园艺家"借景"入水所产生的特殊的光影效果，给游人带来的美的馈赠。

建筑物入景

　　建筑物，是成全园林美的另一要素。

　　旧时的府宅园林，大都为富贵望族和有闲人家所辟。它是住宅的扩展和延伸。为不时移步于绮山秀水间，又免受日曝雨淋，必得建些半掩回廊；为随时驻足，坐憩游眺，或对弈，或垂钓，必得建些凉亭小阁；为会客邀友，沽酒神聊，必得建些厅堂别院；为读书作画，附庸风雅，必得建些斋馆文房……这些建筑物怎样布局，如何巧设，以与自然景致相映成趣，大有文章可做。

　　在许多出色的园林中，我们常常发现这些功能各异、造型标致的建筑物，或歇山，或临水，或倚石，或坐坪，高低错落，时隐时现，俯仰遥对，相互援引，巧妙地分隔着全园的景观空间，各自提供最佳的观赏点；又通过墙篱、桥梁、山径、石阶、回廊、甬道的联结和建筑物本身应呼态势的暗示，为游人提供探幽揽胜的最佳路线。

　　在这些建筑物里，或倚栏或凭轩，上下放眼，左右顾盼，四周景色尽收眼底；而换一个景点，刚才驻足过的建筑物又成为视野中的景物之一。就在一瞥一顾一惊一乍中，妙趣横生。

　　正因为供人实用的建筑物本身入境入画，因此园艺家对它们也便倍加精心地设计、打扮。

苏州的拙政园、留园，都以造型别致、形态轻巧、色彩悦目、装修精美、繁简得当、豪朴相宜而令中外游人叹为观止。

单说那拙政园西区，最壮观的建筑物是南端的鸳鸯厅，半是"三十六鸳鸯馆"，半是"十八曼陀罗花馆"，朱栋彩檐，轩敞高爽，夏可观池中翔鱼嬉禽、沉李浮瓜；冬可赏户外虚阁荫篁、假山垂拱。隔池相望有造型别出心裁的扇面亭，取个撩人的名字叫"与谁同坐轩"。过曲桥，但见"留听阁"如舫依水，晃晃若动。举目间，假山顶上八角二层的"浮翠阁"，仿佛漂浮在树丛高头，几欲"乘风归去"。登斯阁，可俯览全园，又能借垣外之景以佐眼餐。下山东去，则早有"倒影楼"恭候水边，让你领教水世界"剽取"六合大千的绝顶本事……

古代造园，大都以建筑物开路。

美的建筑物，功在羁人之心又引人入胜。

天工加人工

草木花卉之于园林美，断不可或缺。

秃山净水、颓垣老桩，谈何秀色可餐！

园林中的花木与野外自然衍生的又有所不同。它是要经过人工的择优培植，并按既定的艺术表现意图精心布置的。

乔木，植物中的伟丈夫，高者可长至数十米，如橡树、水杉、银杏、松柏等。园林中如有成片或数棵此等壮伟的树，顿觉高旷深幽。有的以千百之龄，不可多得，后人要添堂构，还得以老树为主体，因地因势设计修建，方可相得益彰。

有时，因园林空间所限，或应取势需要，园艺师们要对树木进行整修加工，使其按一定的造型要求生长，或如旗如屏，或如塔如盖，或盘旋虬曲，或斜生倒挂，异态纷呈，供人玩味。龚自珍作《病梅馆记》，乃意在言外，影射人生世态，不必据此而否定对树木花卉的着意改造。

譬如水仙，可土植，可水养；可放任疯长，让其葱茏向上；亦可雕其球茎，使其叶片变形，如蟹爪，如吊钩。没有人工对天工的大胆干预，这"凌波仙子"何来仪态万方、袅娜动人？至于牡丹、月季、菊花等，没有历代花工的刻意求精求异，其花形、花序、花色更不会像现在人们常见到的那么丰富多样，以至单列花种便可举办个洋洋大观的花会，如洛阳的牡丹花会等等。

花木在园林中的种植或摆设，自有其章法。

堤岸插柳，使杨柳堆烟，气氛曼妙。

石崖牵藤，教铁面挂彩，刚中见柔。

舍边布竹，让逸士听声，食可无肉。

篱下植菊，令骚人留步，回望南山。

……

园艺家的功夫在于，不仅以花木的天生丽质鲜人眼目；还追求花木与周遭景物的协调，以唤起人们的美感；更讲究花木品种的遴选，诱发游人在花木品性与人的品格相关上的种种联想。这样，人们所领略到的美，就比自然界的花卉草木之美更集中、更强烈、更具思想内涵，因而也更有感染力。

景致的文字点化

掇山理水，莳草种花，堂构扶摇，美轮美奂。氤氲着浓浓诗意的美妙空间，常有妙不可言的"点睛"之笔——那题额、楹联、勒石诗文便是。

这就是接下来所要谈及的，组成园林美的另一要素——文学之美。

曹雪芹在《红楼梦》中借贾政之口如此评说："偌大景致，若干亭榭，无字标题，也觉寥落无趣，任有花柳山水，也断不能生色。"

强调似乎过了点，却不无道理。就说拙政园扇面亭所题"与谁同坐轩"，游人见一"谁"字的设问，神思便被撩动。熟识苏东坡词句的人，知道它指的是清风明月，诗兴陡增，不由得驻足凭栏，追寻起风月的踪迹。倘不谙苏词，把扑朔迷离的一个"谁"字理解为恋人挚友，于是乎春心荡漾，浮想联翩，女友要是就在身边的话，说不定会情不自禁地碰碰肘说："你瞧——请咱俩小坐片刻呢！"这，不也挺美气的吗？

水池南面的"远香堂"，显然取周敦颐《爱莲说》中赞美荷花"香远益清"的意境；而单凭这"远香"二字，便可调动游人的嗅觉，于顾盼四周的同时，下意识地做个深呼吸。

倘下到临水的船厅，一见那横匾写着"留听阁"三字，你也许会联想起李商隐"留得枯荷听雨声"的诗句。这会儿要是天气太好，无缘一享雨打荷叶的意趣，你说不定还会感到小小的遗憾呢。

胜景佳构的文字点化，可以激起游人的情感波澜，使人由景及情，由情入理，产生超出园林美本身的更丰富更邈远的哲思。

福州市中心的于山园林，其氛围有别于一般私家府宅园林，盖由于于山第一峰建有一座戚公祠。戚继光系明代杰出军事家，嘉靖年间曾率兵入闽抗倭，班师回浙时，福州官绅于峰顶的平远台上设宴饯别，勒石纪功。席间，戚将军带醉步月，仰卧在祠东侧一块如榻的巨石上。后人为纪念这位伟大的民族英雄，在这块岩石上镌刻了"醉石"二字。20 世纪初叶又于石前建一座六角亭，称"醉石亭"，有句楹联云："岘山遗爱追羊子，滁郡流风并醉翁。"

这"醉石"二字，曾使多少仁人志士为之壮怀激烈。郁达夫当年来闽谒祠时，感慨系之，为赋《满江红》一阕，文辞慷慨激昂，表达了中国人民不可侮的豪迈气概。他还在《闽游滴沥》中提及于山最值得登临的，是于山西侧的戚公祠，在于山上所感到的气氛，不会有遗世独立的悲观色彩……

一介文人尚且被感奋若此，可见，园林中的碑石题刻、匾额楹联乃至园林整体的取名，被誉为园林艺术中的"美的灵魂"，并不过分。它不仅使人悦目赏心、怡情养性，在精神境界上也常常得到意外的升华。

曲径通幽

园林建造的基本原则是引人入胜。

欧式园林以几何形、图案化、规整的布局、突出的中轴线、大型的雕塑、夺目的喷泉，甚至巧设的机关来吸引游人。

中式园林则不同。因国人的审美心理多半喜欢曲径通幽、渐入佳境，因此园艺家们往往在空间序列的组织和时间先后的安排上苦心孤诣地做着文章，通过对比、重复、过渡、衔接、照应、引导等一系列手法，使一连串的园林空间像一曲曼妙的奏鸣曲，既婉转悠扬，又有鲜明的节奏感，在抑扬顿挫的递变中，游人的审美期待得到不断更新，"探个究竟"的兴致经久不衰，甚至游完全园还觉得余兴未尽。

为取得这种效果，中国园林的布局很讲究空间的分隔与渗透。最富表现力的手法有隔景、障景、对景、借景等。

我们常常看到一些墙篱、回廊、石屏、排树、建筑物把园林空间分隔成若干个"单元"，这就是有意的"隔景"，好让你循序渐进，慢慢看来，免得一览无余而目不暇接。这种隔，较多的是虚隔。透过墙头扇形、菱形等种种形状的花窗、漏窗，透过廊柱、篱洞或树缝，可约略窥得另一景区的影子，增加了景观的层次和空间感，还使人生出

"等会儿别忘了到那边逛逛"的好奇。

旧时居家庭院常有照墙、屏风之类的摆设，为的是避免客人一踏入门便直逼堂奥，双方都缺乏精神准备。园林的主体景观之前常有假山、幽篁或建筑物竖起一道屏障，道理大抵相似。这叫障景或抑景，借此挡人视线，引导空间方向的转折变化，达到欲扬先抑、欲露先藏的效果，目的在于突出重点景观。在障景的乍合乍开中，你忽然见着了猜测中的"庐山真面目"，忍不住会"哇"的一声轻呼，叹为观止。

妙在空间渗透

与此相反的是对景和借景的手法，旨在空间的相互渗透。我们常常在楼堂馆阁内的壁上，看见各种形状的门窗，对面的美景映进来，好像嵌入框中的一幅幅图画，三维和二维在视觉迷离的瞬间来回变幻了多次，那种奇异的况味，会叫你歪脖子眯眼地体验再三。而从对面看过来，窗内的人更像一幅壁画中的人物了。

这就叫巧妙的对景。因它借助于别致的门洞和窗框，因此也称框景。

至于人们所熟悉的借景，更是各得其妙。

长距离的"远借"，可突破园林空间界限，把远山、远水、长天、平野都纳作园林的大背景，令人眼前为之一阔，小小园林也便有了无限之感。试想，低头可采东篱菊，抬头可悠然见南山，还有那西岭千秋雪，东吴万里船；日照下可遥看瀑布挂前川，傍晚又可欣赏大漠孤烟、长河落日……偌大一个大千世界全在一望中，那情景，能不令人心连广宇、万念暂消？

就近的"邻借"，则近乎讨巧。它把墙外的景观甚至邻家的景致"剽"来，纳入本园游人的视野。

　　"仰借"和"俯借"几乎无处不在。前者借天光日月云霓，后者借泽地草花水族。仰借的对象往往又倒映在水中，因此在水边可俯仰兼得，妙不可言，如杭州西湖"三潭印月"胜景便是一例。

　　"应时而借"的手法也每为游人称绝。节气天候，因时而变，大自然常以不同的面孔君临天下，朝晖、夕阴、午风、夜月、春雨、夏云、秋空、冬雪，可谓气象万千。聪明的造园者善于应时借取此番佳景，纳入观赏者的视野。如鼓浪屿日光岩上用栏杆围起个平台，可观东海日出，可领"闽海雄风"。观海园内，别墅主人于 20 世纪 20 年代特建了座螺旋形天台，用以每天两度潮涨时，观看涛之汹涌，谛听浪之澎湃，真是懂得享受！据载，这里原是法国领事馆驻地，别墅主人、一位热爱生活热爱美的华侨，用自己在鼓浪屿建置的大楼房同法国领事馆调换，尔后填海扩地，筑堤砌墙，修造起观海别墅，并精心设计了这座供自己、也供后人看潮听涛的螺旋形天台。如今物是人非，留给我们的是借景入望、应时掠美的宝贵启示。

街市：跨时代杰作

"遗世独立"，只是人在失意时萌生的一种归隐清栖的欲念而已，真要把户口迁到前不着村后不着店的深山荒野，想必谁都不大情愿。

人类毕竟喜欢群居。随着文明的进程和社会化生产的发展，人类的群居点越来越扩大，于是产生了熙熙攘攘的集镇和城市。如今找不到一个没有城市的国度。

街市美却并非与生俱来。它同样需要劳动创造，需要物质生活日臻丰足中随之高涨的群众性求美自觉。

比之山水美和园林美，街市美不能不更多地考虑到与市建的功利目的相契合。

安全、舒适、实用是街市建设的基本要求，符合了这些要求，建造物才有其存在价值。但是人类自创造了文化并尝到了甜头之后，对精神生活的追求日益强烈。这就注定人们在讲究市建的使用价值的同时，重视起它们的审美价值来了。

这是街市美走向昌明的福音。街市美于是成为景观美的一个重要组成部分，为人们所津津乐道。

街市美的创造和形成，是个充满历史感的社会化过程。

有人"行万里路"后不无感慨地说：要了解中国两千年来的历史，请到西安走走；要了解中国一千年来的历史，只要逛逛北京城；要了解中国一百年来的历史，最好进大上海一游；要了解中国十年来的历史，不能不走深圳。

历史名城，是民族文化的结晶，是人类文明的象征。它形成的时间跨度很大，是一代接一代美化的产物，是集体智慧的跨时代集合，不是哪位艺术家有能耐独立完成的案头作品。

由于不同时代人的实用要求、审美理想、建筑工艺以及当时所能采用的建筑材料等，都存在明显的差别，因此我们探足历史文化名城的街市，就像参观一个造型风格形形色色的建筑博览会。始建于不同世纪不同年代的古今建筑，各领风骚于目前，令人有"走进历史"的迷离感觉；又好像自己的寿命一下子拉长了好多倍，完全有资格担当为这些艺术参赛品"亮分"的评委了。

在历史感很强的街市里，我们并不少见现代气息很浓的新建筑。只要它本身体现美的形态，又同周围环境协调，我们便不觉得它格格不入，煞风景。这也是街市美的社会性特征所决定的。历史感不排斥时代感，前者也是由后者不断地积累起来的。当代的新建筑再过若干年，也便蒙上了历史感，现在倒不必自作多情地去仿建石塔、木桥，去复制秦砖、汉瓦，为后世的考古平添难题。

这与纯艺术作品不同。《蒙娜丽莎》画面的背景中倘添上一排高压电线杆，《清明上河图》的汴梁街头添上几部雅马哈，那将成什么模样？历史遗作是当时"瞬间"场面的凝固。历史名城的时间跨度却是有始无终的。它可以涵纳历代的文化精髓；它的美是会与日俱增的，富有很强的动态性，因而也特别地令人瞩目。

"凝固的音乐"

我们在欣赏街市美时，往往首先注意到空间形式感很强的建筑景观。

驻足天安门广场，那红墙黄瓦、金碧辉煌的大城楼会一下子夺去你的视线，不由得"哇"的一声，浩叹于眼前这"好一派首都气象"。

驻足深圳街头，那鳞次栉比、扶摇直上的高层楼群先就让你感到一阵晕眩，不能不"啧"的一声，惊异于体现速度和效率的特区现代气息。

建筑在艺术门类里被称为"凝固的音乐"。它却可以先声夺人。因为建筑是街市景观的主体，无论新旧，都可说是城市的骨架和肌腱。

与人的七尺之躯相比，建筑无疑是庞然大物。它以其特定的形状和巨大的体量显示着自身的魅力。

作为视觉艺术的一种，建筑景观的形态美越来越受人重视。

在一些老街巷，我们看到年代久远、已倾斜成平行四边体的木构旧屋，除了引人发思古之幽情外，几无美感可言了。我们看到几十年前纯粹为解决居民栖身问题，而匆匆赶建的火柴盒形砖构集体住宅，也会感到几许寒碜了。

现在出现的许多建筑，很注意避免形体的呆板单一。多层客房或工作房的竖向体量的巍然高耸，和单层公共附属设施的横向体量的平面舒展，形成强烈的对比，可谓相得益彰。

随着科学技术的迅速发展，建筑工业也出现了一派新气象。悬索结构、网架结构、壳体结构等新方法的不断发明和应用，使建筑物的外观形象日趋多样，形成群雄蜂起、争奇斗艳的空前盛况。

我们常在电视屏幕或挂历画册上看到澳大利亚悉尼歌剧院的风采，简直妙不可言。由于大胆采用了结构新法，两组壳体状屋顶，完全打破了平面或三角形的传统造型；内部创造性地发挥了实用的原则，外观上像一组风帆，像一组贝壳，又像一台特制钢琴，极其新奇别致，跟所处的港湾环境又十分协调，令人耳目一新而浮想联翩。

匀称与稳定

建筑物因体积庞大，且长期笃定地耸立着，让人一见到它就会不期然地产生强烈的情感反应。

建筑家们常常以均衡与稳定、韵律与节奏、比例与尺度、色彩与质感等形式美，唤起人们种种美的情感反应。

古罗马建筑师维特鲁威在《建筑时论》中说："建筑须讲求规例、配置、匀称、均衡、合宜以及经济。"

处在街市中的建筑物更得讲究均衡。因为人们首先需要安全感，有了安全感才有可能进行美的鉴赏。所谓"人必活着，爱才有所附丽"。一座重心不明，看似岌岌可危的建筑，先就给人一种不妥当、不可靠的嫌疑，于一惊一乍中避之唯恐不及，哪有心思去理它美不美呢？

均衡的结构能给人以稳定感，它往往借助于对称的形式。

两边坡度差不多的山，四周枝丫对应伸展的树，左右长一对大翅的鸟，前后挂两只褡裢的人……不动或动，我们看上去都觉得很稳定，因其形体基本上对称。

许多纪念性的建筑都极讲究对称、均衡中的稳定、厚重形象，以期唤起瞻仰者神圣、肃穆、庄严和敦实的感觉。

例如巴黎的凯旋门、北京的毛主席纪念堂、南京的中山陵及各地常见的种种碑、塔、牌坊、公墓等。

现代建筑已较少像过去那样取严格的轴对称形式，而是以力的平衡取代形的匀称，在不对称中求得均衡的效果。这样，不仅避免了单调、呆板和拘谨泥古的缺点，还可激发设计者的聪明才智，使其各显神通，使建筑形体千差万别，千奇百怪，又都不失均衡和稳定的美感要求。

街市是由众多的建筑群组合而成的。我们在一些讲究市建章法的街区，可以看到有的两两相对，有的俯仰顾盼，有的前呼后应，有的轻重虚实相搭……显然是用向心的手法，使建筑群产生收敛、内聚的效果，实际上也在强化均衡和稳定的感觉。

节奏与韵律

"我达达的马蹄是美丽的错误……"诗人郑愁予的这句名诗，在海峡两岸有口皆碑。

而撇开言外之意、弦外之音不说，单说那马蹄声，就足以唤起读者的无限美感。因为这马蹄声中富有激动人心的节奏感和韵律美。人的生理和心理上对外在事物的节奏和韵律又是极其敏感的。

马在匀速奔跑时，马蹄声等时间、等距离连续重复，如四季更迭、日之升落、海之潮汐、心之收缩和舒张，那是一种节奏的形式美。

马在起跑和准备停下时的节奏，是渐快渐密或渐慢渐稀的，如湖面飞弹的水漂漂，如静池中溅起的涟漪，如月之渐圆或渐亏，那是一种韵律的形式美。

节奏和韵律美之于建筑，是极其重要的，古今中外建筑师们都为此而殚精竭虑。

天安门城楼的廊柱间隔和大红宫灯的距离是相等的，突现了节奏美；而红墙上的五个拱门，中间最大，两边则依次缩小，充满了韵律美。在同一座建筑中，美的表现形式如此丰富，又干净利落，堪称美轮美奂，不可多得。

　　泉州开元寺内，"百柱殿"富有节奏的廊柱，和两侧"东西塔"富有韵律的八角弧状外舒塔檐，相照相应，妙在不言中。

　　古罗马大角斗场拱连拱的节奏，哥特式教堂大小尖拱和长短垂直线所表现出的韵律，乃至现代大立交桥、大跨度索桥所呈现的那种舒展、轻松、简洁、大方的韵味，都容易使人身临其境，便隐隐地感受到一种音乐的气氛，一种回环复沓的诗歌的气氛。

　　在那氤氲而出的朦胧的诗乐氛围中，你会依稀听到马蹄声，从天边骎骎而来，或从身边拳拳远去，每一蹄都踏在你的心上，震醒许多许多的情丝，这美丽的蹄声哟……

比例与尺度

　　每个正常人脸上都有五官，可为什么有的人看上去漂亮顺眼，有的却很"一般化"，甚至"别提啦"？这里的关键在于：五官的比例尺寸是否合适，在脸上的排列组合是否体现整体的和谐。

　　常常听人评论某人"满脸是嘴"或"找不到眼睛"，这是五官比例失当造成的遗憾。

　　不时听人评论某人"两眼相距几千米"或"五官堆在一起了"，这是排列位置失衡的毛病了。

　　街市建筑很讲究各组成部分的尺寸比例和整体的和谐。

　　黑格尔发现：古代人把宽看作主要的，因为宽显得安稳地植根于大地上；至于房子的高度则以人的高度为准，而且高度总是只随着宽度和长度的增加而增加。——这虽是古代人的建筑原则，但至少说明了正确的比例具有满足理智和眼睛要求的特征。

　　什么样才算"正确"的比例呢？

　　古希腊毕达哥拉斯学派曾提出"黄金分割"理论。经过长期的研究比较，1：1.618 被确认为最和谐、最优美的比例，这就是我们常常说的"黄金分割率"。

据解释，人之所以乐于接受这种比例，是因为人体本身有许多结构关系正符合于黄金分割率，比如面部的长宽之比、脐上脐下的高度之比等，言之凿凿，似有天机所运。

实际上突破这种"最佳比例"的情况也有很多，像纽约的世界贸易中心和芝加哥的威利斯大厦，都是高于四百四十米的摩天大楼，高与宽、深差距很大。

这似乎不可思议，却与美国建筑学家托伯特·哈姆林对尺度的理解相契。他把尺度印象分为自然的尺度、超人的尺度和亲切的尺度三类。

超人的尺度常常被应用到大教堂、寺庙等宗教性建筑或象征权力的政治机关建筑以及许多纪念性的建筑中。其目的是通过这种非寻常的尺度，制造一种超越人类自身、超越时代局限的态势，唤起人们对超常建筑物的仰慕和崇敬之情，并使这种情感不由自主地转移到宗教、权力、政治和其他精神圣尊身上，达到此类建筑预期中的特殊的功利要求。

比如巴黎凯旋门以超人的尺度，张扬拿破仑的胜利；纽约帝国大厦以超人的尺度，张扬美利坚的崛起；北京故宫以超人的尺度，显示皇权的至尊至上；西方国家的议会大厦，则以超人的尺度，标榜他们的"民主"……

色彩与质感

建筑的色彩也是街市建筑形式美的重要因素。

从大体上说，西方古典建筑多采用砖石结构，色彩倾向于素雅、调和；中国古代的宫宇楼阁甚至塔坊，多为木构，需要油漆保护，使色彩的追加和强烈化成为可能，加上琉璃瓦的使用和民族心理上对黄、红、金色的偏爱，因而建筑物的色彩显得富丽堂皇，容易使人激动。

由于民族不同，地理气候环境不同，历史文化积淀和欣赏心理习惯不同，因而不同国家不同地区的城市建筑有不同的色彩基调。

如东方人喜欢红色，欧美人喜欢蓝色，非洲人则喜用白色、黄色。又如南方城市惯用冷色，北方则偏爱暖色。而无论东西南北，宗教建筑特别地注重以色彩的搭配，制造一种不可捉摸的神秘气氛，去增强人们的视觉感受，去唤起某种肃穆和虔诚的信仰意识。

一般的民居，则大都比较淡雅、朴素，多用粉墙、灰石、黑瓦、青砖，以本色之美悦人。

建筑材料自身的质地和颜色，一般都具有坚实稳定、经久不变、光亮润滑、晶莹剔透等特点。质地使色彩富有生命感，色彩则使质地富有感情因素。质感美由此而相得益彰。

建筑的质感往往单凭眼睛而不需要手脚触觉便能体察出来。因此建筑师们为尽可能显示建筑的质感美，可谓八仙过海，各显神通了。

他们在有些地方采用粗糙的、不光滑的，甚至故意留下打磨痕迹的材料，让人从中感受到一种浑朴的、粗犷的、崇高的情调；有些地方则采用细腻光滑、纹理和颜色天成的材料，让人从中感受到一种柔和、自然和优美的情调。

金属材料给人的感觉是坚挺、沉着、冷峻，于是有埃菲尔铁塔的伟岸和街心天桥的从容飞渡；大理石材料给人的感觉是天然、多彩而强健，于头顶脚底左弯右拐常可见着它的倩影，风采却各不相同，令人看不够还想去摸摸。

天安门广场的人民英雄纪念碑，以沉重、坚硬、巨大的花岗岩为主要材料，栏杆、浮雕、题字、碑文则用细腻、晶莹、温润的汉白玉雕制而成，分别发挥了这两种材料的质与色的特点，又珠联璧合，极为和谐、庄重。

街市"硬件"

构成街市美的因素，除了建筑景观美的主旋律外，被称作"街市硬质景观"的道路、桥梁、路标、灯柱、花坛、广告牌甚至清洁箱等，就像音乐里的过门、配器、和声、副歌乃至适时而出现的滑音、花腔或休止符，都对街市美的意境主题起着不可小视的烘托作用。

走进南国一些古城的旧街区，至今约略可见我们的先人很懂得巧设硬质景观，以增强街市的亲切气氛和美感。

他们在纵横交错的河沟上建起一座座造型美妙的拱桥；沟边的骑楼或虚脚楼下，铺上厚实的石板路；路边时见石阶下至水面，可登船，可取水浣衣；无数小巷像叶脉向两边隐入深处，常见以鹅卵石或石片铺成巷道，木屐声声，愈显其清幽；加上酒旗招客、桥栏留人，水乡情调与集市气氛融和，为过于刻板、简陋的建筑平添了许多生命活力和生活气息。

此类古朴、柔和、静雅的街景，在江淮和闽中南一带泽国水乡还可找到一些。

现代城市建设中，对硬质景观美的追求似乎比以往更有意识，也更有成效。

设计得巧妙精当的一道栏杆、一堵矮墙、一组台阶、一段堤岸或一面斜坡，往往改变了原有的空间秩序，创造出新的景观层次。我们在这些实物的启示和诱导下，可以感受到眼前景观空间聚散离合的趋势和规律；在线状的顺延和块状的流连中，体味到一种空间的秩序美、层次美和条理美。

大体量的硬质景观如天桥、立交桥、电视发射塔、交通指示塔、巨型广告牌等，设计师们大都郑重其事，不敢造次。因为它们太显眼了，往往成了一个城市的标志。靠它们，还可以大大丰富街市建筑群的轮廓线。

小体量的硬质景观如电话亭、清洁箱、邮筒、小路标、街边花坛、树岛等，也渐渐得到应有的重视。别出心裁者，如杭州市区马路分道栏杆立柱，用水泥浇注成三潭印月石塔模样；泉州大桥栏杆的数百根立柱上，都各自蹲着一只形态各异、栩栩如生的花岗岩精雕石狮子。这类小景观轻巧玲珑，富有地方特色和民间气息，点缀在都市通衢，给人以柔和温馨的亲切感，冲淡了其他公共建筑过于庞大和严肃的压抑感。

沟河的 "戒指"

世界上大部分城市都沿河而建。伦敦偎着泰晤士河，巴黎偎着塞纳河，维也纳偎着多瑙河，伏尔加格勒偎着伏尔加河；中国许多城市与江河结缘，就更不必细说了。

江河之天水哺育着两岸子民，却也给群居社会的交通造成诸多不便。好在人类的创造力中常常伴着几分狡黠，不仅造了舟桥征服了水之阻隔，还把大大小小的舟、桥当作传世的工艺品，越造越漂亮、多样，成为街市硬质景观中很主要的一宗。

倘有机会俯瞰意大利的威尼斯或中国的苏州、绍兴、涵江等水乡市镇，你会发现潺潺河沟宛如纤纤细手抚摸着大地，那形形色色的桥梁，特别是拱桥，不就像一枚枚透明精致的戒指，戴在了所有纤手的嫩指上了？

桥梁的初始，当然纯粹为了实用。

先秦时期，我们的祖先已懂得"刳木为舟，剡木为楫"，"绝水为梁，筑堤为路"。有的在溪流中竖立石磴，成为堤梁式石桥（又称汀步桥、马齿桥）；有的以木柱或石柱为架，上架独木梁或木筏为桥；较大的河流中则设置渡口，或用多条小船连缀成浮桥。

秦汉以后，建桥经验不断积累，水平不断提高，跨梁式桥、石拱桥、悬臂桥、撑架桥、栈道桥等不同形式的桥梁纷纷出现，并逐渐重视其造型装饰的美化。

特别是拱桥，单跨的如彩虹挂天，多跨的如玉带浮水。一般以打制的石块巧妙垒砌而成，因之那拱形也便多样：半圆的、蛋圆的、椭圆的、抛物线形或马蹄形的、牛担形的、龟壳形的等等，应有尽有，且异常坚固。

飞跨在河北省赵县洨河上的赵州桥，跨径约三十七米，拱高约七米，拱宽近十米，为隋朝工匠李春率人所建，至今一千四百多年，历经地震、战争等天灾人祸的种种考验，仍傲然挺立。赵州桥美在"敞肩式"，拱桥两端桥肩处，各挖掉（实际上是留出）两个小圆拱洞，利于排洪、减轻桥重，更使桥身显得轻盈、纤丽、精致。

据介绍，敞肩式石拱桥，是我国人民一大发明，欧洲到 19 世纪中叶才出现，"晚生"了一千两百多岁。

石拱桥规模相对较小，富有人情味的亲切感，在夜月下常氤氲出"小桥流水人家"的诗情画意，令人在美的流曳中沉醉。试想，苏州要没有那座拱圆而高的单孔石拱桥"枫桥"，襄州诗人张继不一定有那么大的兴致，非要在霜满天的姑苏城外停舟夜泊，那他也就听不到寒山寺的夜半钟声，写不出《枫桥夜泊》这样流传千古的绝句佳篇了。

因拱桥造型本身有极高的观赏价值，故诸如堪称拱形最美的颐和园玉带桥，被马可·波罗称为"美丽石桥"的北京卢沟桥，苏州的宝带桥和枫桥，杭州的拱宸桥，绍兴的太平桥，桂林的花桥，等等，都成为古城的名胜古迹，其便利交通的功能往往被忽略和淡化，实际上也已不胜重荷了，但美质犹在、光彩照人。

市中阡陌——街巷

硬质景观的另一大宗是道路。

主干车道、繁华的大街、宁静的小巷，纵横交错，织成了市区的"阡陌"。

主干车道主要供市内交通、货物集散，一般就长取直，增其流速；设施简约，以免迷乱视线。顺畅，通脱，能见度高，透视感强，由此及彼，看似辽远，却宛在咫尺，让人心胸开阔，块垒顿消，这便是通衢大道给人的印象。

起商业网络作用的街道则别有一番情景。

街市的空间可分为点状和线状两类。前者如广场、码头、车站、十字路口、街心花园、公共游乐场所等；后者是前述这些景点的连缀，其连缀物正是大大小小的街道。

街道两旁，一般都列队般林立着高楼大厦，如北京的王府井、上海的南京路、西安的东大街等。这类街市的道路本身之美，常常为两旁的建筑群所掩盖。人们的注意力不由自主地让左右店面的声色"抢"去，而忽略了道路本身自在的美。若要问你天天走过的那段路是水泥路还是柏油路，一时还真回答不上来呢！

　　但你稍一留心，不会感到那分道线和斑马线也有一种很朴实的图案美吗？路旁各种指示牌上，不是各有一篇"中心思想"极简单极明确又不容违拗曲解的文章吗？路面的铺砌，路肩的修饰，两旁附属设施的摆布，不也在严格服从功利需要的前提下，表现出一种理智和秩序的美吗？

　　小巷，就像城市的毛细血管，其宽度往往小于两旁建筑物的高度，因而显得局促窘迫；许多小巷两旁高墙封闭又曲折多变，令人感到压抑甚至恐怖。

　　但只要你经常在小巷里出入，对这一带情况熟悉，有安全感，或者你就是某个拐角某个门洞里的主人，对生养之地的感情犹浓，那么，逼仄倒显得亲近，僻静更觉得恬适，就是有小小的恐怖感，岂不也有提神之妙？

　　何况聪明的市民们不时会想些办法，来冲淡小巷空间的压抑感。比如尽可能扩大巷道，限制两旁建筑物的高度；路面尽可能保留鹅卵石或方形石板的质感，又避免其易位走样以致坎坷；用视觉上的连续性和明快的细部处理，来增加深巷的亲切感……

　　有机会到无车马之喧的海上花园鼓浪屿一游，你便会领略到小巷之美。且看散文家何为笔下的鼓浪屿街巷：

　　　　……登了岸，走不上数十步就蹩进曲曲折折迷人的小街小巷。窄窄的甬道高低起伏，依山而筑。深巷里花香浮动。合欢树细枝密叶柔柔地沿街飘拂。凤凰木成堆的树叶像绿色的层层云片，掩遮一幢幢小楼，影影绰绰的。墙头藤萝蔓生，间或有一丛丛早开的象牙红悄然探出头来，喜滋滋地红艳照人。长巷仄径，庭院深锁，疑是无人居住，忽然随风吹来飘忽的钢琴声……芬芳的音符款款飘垂，飘垂在小巷深处，犹如瓣瓣落花消逝在春水里……这个小海岛上，没有车马之喧，纵横交错全是诗意馥郁的街巷，全是阳光、鲜花和音乐。（何为《白鹭和日光岩》）

街市 "软件"

国内，你到过东北的长春市吗？国外，你去过东南亚的新加坡吗？在那里，城市被绿化、被花园化了，人们穿街走巷，仿佛徜徉于园林，花卉草木这些软质景观之美，远比建筑和其他硬质景观更突出，更引人瞩目。

山水景观、园林景观和街市景观中，都少不了花卉草木之美的点缀。不同的情况在于：自然界的植物处于自生自灭的自为状态，它的美在于人们的发现，而不在于如何着意地创造；园林中的植株则是人工培育加工的产物，其加工、布置的主要目的，是越发地突现不同种属的个性和情采。街区的绿化物不能不加工，也不必精加工，主要在于品种选择、优化组合、色彩调配、形状修整、按需摆设等方面的功夫；它往往强调其群体的形象和品属的共性，于是常常出现一条街甚至整座城市基本种植特定的几种树、几种花的情况，而所谓的 "市树" "市花"，准是其中最符合城市精神的主要一种无疑了。

街市软质景观在整体排列上自有其特点，沿街的行道树为线状排列，因距离约等，形状相似，人们在随车行进中可赏其节奏美，在驻足游目时可透视其韵律美。许多不太宽的街道上，两边的树冠牵起手来，漫步街上，如在绿色甬道中穿行，两侧高楼的威压力被柔柔的绿荫排除在外，繁华喧闹的街市仿佛自然亲切了许多，更何况它还给人以遮阳、挡风等等好处呢。

广场、街心绿岛的草坪和花树，呈块状分布。或方、或圆、或扇形、或莲花状、或孔雀开屏、或众星拱月，形式感强，常常显示一种图案美。由于这些地方的草丛和灌木丛大都经定形修剪，三维线条比较清晰，花卉盆栽也相对统一集中，总体设色的层次比较分明。因此，当你驱车在这些地方绕行观察时，那种图案美将是立体的，且是动态的了。

城市绿化

那是生命的图案。

这图案的立体感倘立到建筑物的墙壁上、阳台上、平顶上，那将是怎样地赏心悦目。

当你发现一堵高墙上蔓生着充满生机的藤类植物，它们的头不知藏在墙根的哪个缝或哪寸土里，它们的纤手轻轻地贴着粗拙的墙面，昂昂地、孜孜地、呈放射状地往上爬，你心中可能会荡起小小的涟漪。那是小生命崛起的无声而轰轰烈烈的画面，那是以柔制刚的无言而信誓旦旦的著作。你若不由自主地在这墙下驻足摩挲，便证明你的心思已臻深刻。

当你发现这种轰轰烈烈的画面是从高处挥洒而下，如大中堂泼墨写意，如绿色瀑布垂帘，倘在夏天，你会感到一丝凉意；在冬日里，则有一股暖风扑面，令人觉着此番天地的主人的殷勤、大方和多情。

这便是软质景观垂直布置手法的效果。

包括无意中成全这种垂直景观的阳台艺术，虽然就每一层住家来说，其实是各自在阳台上经营一个主要供自赏自娱用的花团锦簇的小小天地，但从远处看过来，层层叠叠的阳台就像风云际会，或村姑聚首，争先恐后又扭扭捏捏地述说着关于春的故事，那万紫千红的色彩，那争奇斗艳的气氛，共同建筑起一个生机勃发的立体世界，就像一幅巨大的、风俗画味道很浓的壁毯，高高地悬挂在你的面前了。

城市绿化，总的表现为柔美的审美特征。

虬枝苍树撑一把绿伞端坐街心路口，如看场数瓜的老叟，为繁闹的街市找回了几分闲适。

新植的街树一溜儿挺胸站着，看看别人也看看自己，如列队出操的少年，各领风骚在熙熙攘攘中。

那团团簇簇、雍雍穆穆的各色鲜花，仰着笑脸，举着热情，如迎宾花束队的少女，令款款来去的行人们也不由得春风满面。

那绿融融的如茵的草地，不就像地母偶露的衣襟和裙角吗？谁见着了她，心中都会涌起几缕温馨、一片向往……

这有生命的树木花草与无生命的建筑物及其他硬质景观，正好形成柔与刚、动与静、活泼与矜持、亲切与冷峻、随意与严谨、轻灵与笃定的鲜明对比，充实和丰富着街市美的面貌和内涵。

很难想象，一座没有绿化的城市会是什么样子。就如一个有嘴无唇、有眼睛无眉睫的面孔，能讨人喜欢吗？

人之美

人之美

大文豪莎士比亚曾忘情地浩叹："人类是一件多么了不起的杰作，是宇宙的精华，万物的灵长。"艺术家罗丹也曾惊叹人体是美中至美。

生命的起源和生物进化的谱系图上，位于进化最高峰的便是人类。

在漫长的、严厉的物竞天择中，人类凭借自控自调的机制，适应变异的环境，也造就了构造和机能日趋完善和精良的自身。

自然规律、生物规律与人类的劳动，共同创造了自然界中最精密复杂、最具完整性与适应性，因此也是最富有生命力的生物构造体——人体。

人体，只要是健康的、自然的，简直美不可言。维纳斯、掷铁饼者、执矛者……那均衡协调的结构形体，那充满精神活力的体态动作，那洋溢着内在风采的脸庞容貌，都显示着永久的魅力。

古希腊雕塑家在艺术上的最大成就，是对于人体美的发现。

是特定的历史背景成全了他们。前 5 至前 4 世纪期间，强大的异族入侵唤起了希腊精神的重振。为保家卫国，一个强健而勇敢的战士，是作为"人"的不可或缺的素质。在希腊人看来，"健全的精神必然寓于健全的身体"。孔武，需要的是力量型的人体。斯巴达人对其青年训练之严格，令后人大为折服。他们的确培养出了第一流的战士。在抗击波斯强敌时，固守温泉峡的三百名斯巴达人全部战死，无一屈膝或逃离。有个因眼睛失明而未参战的武士，最后还是跑到战场上，和大家死在一起。战争结束后，希腊人立下的墓碑上刻着：

亲爱的过客，请带信给我故乡的人民：我们在此矢忠死守，为祖国碎骨粉身！

希腊人为最神圣的精神找到最佳的载体。雕塑家们通过对裸体的研究，认识了这种伟大载体——人体的最佳状态的美究竟在哪里。

而这种认识的深化却延续了两千多年。

人的体形美

人体美一般包括体形美、体态美和容貌美。

人的体形有没有一种标准的美？《掷铁饼者》的创作者米隆，和前 5 世纪同代雕刻家们早就开始了这个问题的探讨。他们不但公认全身应该是头长的七倍，而且努力寻找每个部分的恰当比例。

波里克莱托为此写了专论。为形象地证实其"标准美"，他还塑了一个男子全身像的范型，后来竟以《执矛者》之名传世。

身高、体重和身体各组成部分的构成及其比例关系，其标准何在，古今中外都有不少人在探究，并提出过许多具体的参数。较服人的是达·芬奇提出的：人平伸两臂时的宽度等于他的高度，肩膀宽度为身高的四分之一，等等。也有人把人体分成以肚脐为界的上下两部分，认为这两部分的比例关系都符合"黄金分割"的原理。

至于身高与体重的关系，曾经很流行一种测算方法是：身高减去 108 厘米，相当于标准体重；超出或低于 2 ～ 10 千克，便不"标准"。

这些"标准"，都只能说是一般的。就古希腊，强调战斗进取的前 5 世纪，人们重视的是男体的"力之美"；而前 4 世纪后，则因安定而注重优雅与纤柔，伴随"爱神"女性裸体雕塑的出现，审美观上趋向崇尚灵巧修长，人体全身与头的比例，也由 7∶1 渐渐变为 8∶1 了。

人体美属于自然美的范畴，但它兼容着自然和社会的双重属性，因此也就有与社会相谐的某种客观标准。一般说来，男性应以魁梧伟岸、粗犷舒展的"阳刚"为美。且看老舍笔下的骆驼祥子的模样：

> 他的身量与肌肉都发展到年岁前边去；二十来岁，他已经很大很高，虽然肢体还没被年月铸成一定的格局，可是已经像个成人了——一个脸上身上都带出天真淘气的样子的大人。看着那高等的车夫，他计划着怎样杀进他的腰去，好更显出他的铁扇面似的胸与直硬的背；扭头看看自己的肩，多么宽，多么威严！杀好了腰，再穿上肥腿的白裤，裤脚用鸡肠子带儿系位，露出那对"出号"的大脚！走的，他无疑地可以成为最出色的车夫；傻子似的他自己笑了。（老舍《骆驼祥子》）

再看看列夫·托尔斯泰笔下的尤苏弗：

> 那鲜红、年轻、俊秀的面孔和那细长的身段（他比父亲高），都散发着青春的英勇和生命的喜悦。虽然年轻，臂膀却是宽宽的，相当宽阔的年轻人的骨盆，又细又长的躯干，长而有力的胳膊，每一个动作的力量，柔和、敏捷——这一切都是常常使父亲高兴的，他常常欣赏自己的儿子。（列夫·托尔斯泰《哈吉穆拉特》）

"阳刚"之气需要壮硕、健美的载体。倘若浑身比例失调，骨髓不挺，肌肉松弛，轮廓线条过于纤柔、缺乏刚劲，五官线条过于滑润而少棱角，再加上精神不振或奶油味十足，那么这人很难给人以男子汉的印象，看上去只有病态的猥琐的感觉。

人的体态美

有体形美却不注意体态美，那简直是自我作践，白糟蹋了堂堂之躯。

比如你常迈四方步旁若无人，坐在驾驶室脚丫却跷在挡风玻璃边上，太晚了进不了大院门便爬墙越户，模仿残疾人的动作嘴还咧咧地带笑……那么，你再英俊风流，人家也会拿白眼横你，说你"坐无坐相、站无站相"，还有脸恶作剧取笑别人！

不管动态还是静态，人的生理条件允许他形成种种不同的姿态。但并不是任何体态都是美的。人们总是自觉地或习惯地防止和抑制不美的和丑的体态的出现。比如不管什么场合，四脚八叉，倒头便睡；或吐烟圈、跷二郎腿加随地吐痰；或搔首弄姿乱递秋波；如此等等。

美的体态的辨别，一要看其是否具有一定的形式美的特点，二要看其是否表现出思想上的健康内容。

人的姿势的运动，使美的体形的轮廓线条不同幅度地起伏变化着，其节奏感和韵律感比静态时更为强烈。要是身体各部位的运动极为协调，以至表现出丰富的艺术感觉，那么美就可鉴人了。

雨果在《巴黎圣母院》中描写女主人公：

她个儿不高，但是她优美的身材看起来这样细长。她的皮肤略带棕色，但人家可以想象它在阳光下一定像罗马妇女和安达路斯妇女一样是淡金色的。她的小小的两脚也是安达路斯式的，它们正舞着一个两脚相并的步法。她在一张随便铺在她脚下的波斯地毯上跳舞着，旋转着；当她每次转过身来的时候，她光辉的脸经过你面前，她乌黑的大眼睛朝你一闪。

所有在她周围的人们都目不转睛，大张着嘴。当她这样伴着鼓声跳舞时，她两只圆圆的结实的手臂把一面小小的鼓高举在她的黄蜂样小巧玲珑的头上，还有她的没有皱褶的金色紧身衣上，她的舞动时膨胀起来的带小斑点的袍子上，同着她的裸袒的肩膀，她的时时从裙子里露出来的两腿，她的黑头发，她的光亮的眼睛，说实话，她看起来简直是个超自然的生物。

试想，要不是那优美的舞姿和神态的吸引，单凭那姣好的体形和面容，周围的人会那样失态，大张着嘴盯着她吗？

人的容貌美

容貌美当然要紧。但这种美不仅在面部轮廓、五官造型，更在于其神情所透露的内在气质上。

人都有五官，爹妈给的，造型风格自然有异，排列组合也有精到和"草率"之别。可为什么，有的人脸长得并不怎么标致，我们看上去却觉得很美、很动人？我们不是常听到"这人不算漂亮，但有魅力"的说法吗？这所谓的"魅力"，除身段体态所传递的美的语言和一举手一投足所表现的风度外，相当大的部分，来自人的脸上透出的那股英气和一颦一顾间所闪烁的奕奕神采。

这种英气和神采，是人的智慧、底蕴、蓬勃的内在生命力的表现，是人对生活的把握、自信和思想情感坦诚而健康的显露。

它使人愉悦，使人感奋，使人肃然起敬，因而它是美的，而且美得有力量。

这力量主要表现在眼睛上，眼睛是心灵的窗户。"征神见貌，情发于目。"鲁迅先生曾说过："要极省俭地画出一个人的特点，最好是画他的眼睛。我以为这话是极对的，倘若画了全副的头发，即使细得逼真，也毫无意思。"

且看拉·乔万尼奥里在《斯巴达克思》中怎样通过眼神的描写，塑造这位古罗马奴隶起义的伟大领袖：

> 金黄色的长发和浓密的胡子衬托着他那英俊、威武、五官端正的脸。一对炯炯有光的浅蓝色的眼睛，充满了人生经验、情感和火焰。当他很安静的时候，那对眼睛使他的脸流露出一种悲哀的善良表情。但是一到战斗的时候，斯巴达克思就完全变了样：在斗技场的角斗场上，这位角斗士就会带着一副由于愤怒而扭歪了的脸进行搏斗；他的眼光好像闪电，他的那副样子就显得非常可怕了。

而中国古代农民起义领袖的眼神又是怎样的呢？不妨再来看看姚雪垠在《李自成》中的一段描写：

> 如今骑在它（乌龙驹）身上的是一位三十一二岁的战士，高个儿，宽肩膀，额骨隆起，天庭饱满，高鼻梁，深眼窝，浓眉毛，一双炯炯有神的、正在向前边凝视和深思的大眼睛。这种眼睛常常给人一种坚毅、沉着，而又富于智慧的感觉……

一个英武善良而剽悍刚烈，一个沉着坚毅而深谋远虑，不同的或相似的个性都通过眼睛表露出来。那是最可信的，容不得半点虚假的。

面孔和眼睛可以说是人的内心气候的晴雨表和思想感情的显示器。鲁迅先生在《祝福》中，就曾多次写到祥林嫂的眼，每次眼神的不同，都准确、深刻地反映了这位不幸农妇的思想和命运的变化。

人的心灵美

　　人体的姿势、动作、表情、神态是受控于大脑的，哪怕是下意识的流露，也是气质和修养的反映。

　　因此我们不能否认和忽视：心灵的美与丑，修养的雅与俗，品性的正与邪，思想的善与恶，对人的体形、体态、容貌，即对整个人的美与不美影响极大。

　　苏联的苏霍姆林斯基在《给儿子的信》中有一段绝妙的议论。他说：

　　　　不道德的行为可以使脸变得丑陋。撒谎、伪善、空谈都会使人逐渐形成一种呆滞的神色，他回避直视别人的眼睛，因为他的眼睛中没有真实的思想，他把它隐藏起来了。阿谀奉承、奴颜婢膝不仅使眼睛、面容现出卑躬屈节，而且给整个举止也留下了这种痕迹。

　　且不说那最让人敏感的眼睛，就说手吧。同样的手，长在蒙娜丽莎身上，由于她善良的内心世界，对美好的时代充满向往，对万物寄予她的慈爱和诚心的祝福，这些心灵的可贵情愫不仅流露在她的微笑里，也流露在她的手上了。达·芬奇极准确地再现了这双无与伦比的手，以至这双手被誉为艺术史上最传神、最美的女性的手。

同样也是手，长在众赌徒的身上又是怎样的呢？世上再也找不到比茨威格所提供的更生动、更能说明问题的例子了。请看他在《一个女人一生中的二十四小时》中的一段描写：

> 绿呢台面四周许许多多的手，都在闪闪发亮，都在跃跃欲试，都在伺机思动。所有这些手各在一只袖筒口窥探着，都像是一跃即出的猛兽，形状不一，颜色各异，有的光溜溜，有的拴着指坏和铃铃作响的手镯，有的多毛如野兽，有的湿腻盘曲如鲤鱼，却都同样紧张战栗，极度急迫不耐……根据这些手，只消观察它们等待、攫取和踌躇的样式，就叫人识透一切：贪婪者的手抓搔不已，挥霍者的手肌肉松弛，老谋深算的人两手安静，思前虑后的人关节跳弹。百般性格都在抓钱的手势里表露无遗……我知道有一句老话：赌博见人品。可是我要说，赌博者的手更能流露心性……在泄露隐秘上，手的表现最无顾忌。

不由得记起柏拉图的一句名言："应当学会把心灵美看得比形体美更重要。"奥斯特洛夫斯基也说过："人的美并不在于他的外表，而在于他的心，要是人没有内心的美，我们常常会厌恶他漂亮的外表。"

歌德有句话极有道理："外貌美只能取悦一时，内心美才能经久不衰。"

对人体美的评价

　　当然，对人体美的看法和评价标准，不同时代、不同民族、不同阶层都存在着差别。

　　我国先秦时期女子以苗条为美，《诗经》中就以"窈窕淑女"为"君子好逑"，《后汉书》中说因"楚王好细腰"以致"宫中多饿死"。到了唐代则以丰腴为美，美人图上常见富态的脸上肉墩墩的，以至把眼睛挤小，下巴也是两三层的；那飞天乐伎更是浑身圆润。清朝开始讲究"修短合度，纤秾得中"。现代的眼光更是难于一统了。有的以壮硕、剽悍、憨厚的高仓健为理想的男性美；有的以轻灵、英俊、机警的阿兰·德隆为理想的男性美；有的单凭有一米八以上的高度便可考虑择偶；有的骂自己太矮是"二等残废"，还自嘲说大概是妈妈"吃错了药"。总之莫衷一是。

　　不同阶层对人体美的审度，眼光自然有异。车尔尼雪夫斯基曾不无感慨地说，上流社会与农民对少女的美就有不同的看法。农民认为"鲜嫩红润的面色""体格健壮，长得结实"应是必要的条件；而上流社会则喜欢"纤细的手足""苍白""情倦""病态"，甚至"偏头痛"也是美，就像中国有闲阶级曾偏爱林黛玉式的病态美。南唐李后主居然提倡女人裹小脚，还美其名曰"三寸金莲"，以后竞相效尤，蔚为风尚，一直延续到中华人民共和国成立前夕。龚自珍作《病梅馆记》，却不曾作《病脚馆记》。因为"三寸金莲"当时被认为很美，人们并不觉得那是作践肢体的拙劣的反自然行为，是把妇女视为玩物的剥削阶级腐朽思想的反映。

人体美也存在明显的种族之别。每个种族都以自己的人体为美。黄种人黑头发黑眼珠，白种人金发碧眼，非洲人唯恐自己黑得不够，常常设法加深皮肤的黑度。英国的越诺尔兹早在 18 世纪就对审美观念的差异表示理解。他说："如果非洲画家画美女，他一定把她画成黑颜色，厚嘴唇，平滑的鼻子，羊毛似的头发。他如果不这样画，我认为那反而是不自然，我们根据什么标准能说他的观念不恰当呢？"他认定，"就美来说，黑种民族和白种民族是不同种的"。

由此，我们似乎可以得到某种有益的启示：我们应该承认各种族间的人体审美标准上的这种差异性。

裸体与健美

　　尽管人体美的美感效应有着诸如心灵美等内在的决定因素，但毕竟，形体美具有独立的审美价值。

　　在万物中，人的审美意识最熟悉、最感亲切、最易于也最乐于感知的审美客体，要算人体。原始社会时期的文身图腾崇拜中即已包含着炫耀和追求人体美的意识，舞蹈和体育运动也便由此衍生。

　　古希腊罗马时期，几乎人人崇尚人体美，并尽情地展示和欣赏人体美。一位美术史家说："希腊人学会了纯真地看待裸体，不论是在希腊人以前或以后，世界上还没有一个民族是这样看待裸体的。"人们在迎神游行时，可以裸体而舞；在战斗和竞技时，更可不穿衣服。有座名为《结胜利带者》的名雕塑，因运动员是赤身裸体的，以致得奖的奖品丝带只能绑在头上了。

　　有着高超技艺和健美的身体，便是一种荣誉，一种可骄傲的资质而备受赞颂，甚而被奉为楷模，塑为雕像。有件 5 世纪中叶被称作《昂弗拉的阿波罗》的男性裸体雕像，据记载原先是为一位蝉联三届冠军的拳击家而塑的纪念像。《掷铁饼者》更是一件运动员优胜纪念碑，至今仍被当作体育运动的最好的标志。

生命在于运动。加里宁指出："没有结实健康的身体，就不可能有人体之美。"人体美的获得和保持，离不开不懈的体育锻炼，无论男女老少。古希腊历史学家普鲁塔克曾做过这样的记载："少女们也应该练习赛跑、角力、掷铁饼、投标枪，其目的是使她们后来所怀的孩子能从她们健壮的身体里吸取滋养，从而可以茁壮起来并发育得更好。尽管少女们确乎是这样公开地赤身裸体，然而其间却绝看不到，也绝感不到有什么不正当的地方。这一切的运动都充满着嬉戏之情，而并没有任何的春情或淫荡。"

朝气蓬勃、一心想着厉兵强国时期的希腊人，能够以一种坦荡无邪的态度去对待裸体形象，认为裸体给人以健康的、纯洁的美感，这是后世人很难做到的。于是，不合时宜地炫耀裸体，便不同程度地成为一种忌讳了。

艺术大师刘海粟在《谈人体艺术》一文中开宗明义地说："只要作者、欣赏者是健康的，他们创作审美的对象也是健康的，无论是否裸体。"他认为："挑逗与否还在人物表情，也包含着肌肉的表情，而不在是否裸体。穿上衣服一样可以表现淫猥内容。一件粉红衫子有时比裸体更有色情的诱惑力，《睡着的维纳斯》反而具有净化人意识的美感。"

问题是人心不古，在对待裸体形象的态度上，如今能坦荡无邪的人是多了还是少了呢？

谈裸色变。好在体育竞技和健美锻炼还不曾废止。有记载说柏拉图曾荣获角力优胜，他的名字的含义是胸部宽厚的意思；海明威迷恋拳击、足球、渔猎、斗牛，曾因战事而负伤二百二十七处、遇飞机失事两次而大难不死；孔子可教授御射，同时还是个大力士、飞毛腿，"劲能抬国门之关"，"足蹑郊兔"；陆游、辛弃疾有破关斩将、射杀猛虎之勇；列宁被流放西伯利亚还不忘滑雪；毛泽东万里长江横渡、胜似闲庭信步时，年已七十有三……这些名人伟人热衷于体育活动，你尽可以解释说他们是为了磨炼意志、焕发精神；但你似乎没有必要去否定他们有使自己的身材变得好看起来的那份初衷呀。

爱美之心人皆有之，何况是人体之美。

秀外与慧中

金元足赤，人无完人。

但尽可能地使自己的心灵美与形体美趋于和谐统一，既"秀外"又"慧中"，则是我们无论如何必须努力的。

要"秀外"而且"慧中"，殊不容易，简直可以比喻成一项有奠基动土而无竣工期的人生大工程。而这与命一样长的"功夫"，最关键者在"修养"二字。

我国谈论修养的文字汗牛充栋，散见于"四书五经"、二十五史、名人传记、野史随笔、家书札记、文学著作、劝世贤文、族谱方志、乡土俚语、报纸杂志及专论著述之中。由于时代的局限，良莠混杂，常令人莫衷一是，主要靠约定俗成的某种被共识为"优良传统"的形式得以相传。

莆田哲理中学一百一十周年校庆纪念活动期间，该校八十岁高龄的老校友吴鹤云先生，特为母校后学们笔谈了现代青年修养问题。他说在科学进一步昌明的今天，人体工程科学已登上历史舞台。读了《生理解剖学》，"顿悟得人的修养，不在身外而在身内，在于自己身体的五官四肢和五脏六腑之中"。因此他主张青年的修养，应"以自身器官的本能为基础，继承我国文化的优良传统，又结合当前的时代精神，最大限度地发挥人体所蕴含的主观能动性，把人生观和人生的价值提高到一个崭新的至真至善至美的境界"。

老先生饶有兴致地画了一张裸体人物图，标出需要加强修养的十八种器官和部位，名曰《修养图》，而后详述了青年修养十八要诀：

第一，脑要冷；第二，眉要扬；第三，眼要远；第四，鼻要灵；第五，耳要聪；第六，口要信；第七，肩要重；第八，胸要虚；第九，心要正；第十，胆要大；第十一，肝要平；第十二，肚要宽；第十三，肠要热；第十四，手要勤；第十五，足要到；第十六，跟要稳；第十七，身要劳；第十八，骨要硬。

人的社会美

自从"人猿相揖别",人就无时不处在社会生活之中。

社会是以人为主体的。三人成众,便是人间。有你、我、他在,你便是社会人。你面临的便是庞杂多维的、理得顺或理而还乱的种种社会关系。

曾在拙作《人择》中写道:

> 繁忙的人世间,各色人等的价值取向不同,处世哲学和立世之本不同,文化教养和思辨能力不同,七情六欲的张弛摁抑不同,人本的同化或异化的程度不同,于累纪累年的生生息息中,泥沙俱下,鱼龙混杂,真理可能被奸污,历史可能出赝品,真善美与假恶丑消长无定,悲剧、喜剧和正剧常常同台抢戏,人际关系于是变得炙心烫手,不可捉摸,令人望而生畏。

> 然而,谁都无法回避。

> 你只有含笑直面人生。

如何"含笑直面人生"?似乎语犹未尽。实际上也一言难尽。如今想来,是否可在追求和创造"社会美"上拓出一条思路?庶几可得若干新话头。

社会美以"真"为基础，以"善"为核心，而且具有完美的形式和形象。

社会是由人组成的，社会美无疑是由人创造的。因此，社会美也主要地通过人表现出来。

人的社会美与前面谈及的人的自然美不同。它可分为外在社会美（主要指语言美、环境美、行为美等）和内在社会美（主要指心灵美）。

人人都拥有种种美，那我们的社会将是多么美好！我们何愁没有一个含笑的人生？

问题是，我们都建立起追求和注重人的社会美的那份自觉了吗？并且，我们都用心去把握创造人的社会美的种种必要办法了吗？比如，你怎样使自己的语言明显地"美"起来呢……

语言美

　　谈起语言美，我们会自然想起"您好""对不起""谢谢"之类的礼貌用语。不错，人际交往中不能没有礼貌用语，它使人与人之间的距离拉近了。但更能调节人际关系、增强轻松活泼气氛、有助于陶冶性情的，还是诚心的谈吐和幽默的语言艺术。

　　繁忙的人世间，芸芸众生，熙熙攘攘，奔活路，找生计，虽各自来左去右，小着心儿，也不免有碰了船头、踩了脚片的时候。息事宁人，原是国人传统美德，却常常找不到最巧妙的语言化解眼前的僵局。于是对幽默的功用渐渐地有所认识，并愿意好好学着点。

　　其实，中国的传统幽默可谓源远流长。汉代东方朔以滑稽开了先河，尔后魏的嵇康，晋的陆机、陶渊明，宋的苏东坡、王安石诸贤，纷纷效法又各标一格，皆擅诙谐。元明以后，戏剧和小说里常有趣话谐语活泼其中，甚至以幽默、诙谐的文笔来刻画人物性格，如《西游记》中的猪八戒，《笑林广记》里的插科打诨更是令人捧腹。

　　幽默一词，从中国古典词汇的意义上说，是"深静"的意思。《楚辞·九章·怀沙》中的"孔静幽默"正是此意。

　　今天所说的幽默，是英文 humour 的音译，英国《牛津字典》把它解释为"一种能抓住可笑或诙谐想象的能力"。词典的解释是：通过影射、讽喻、双关等修辞手法，在善意的微笑中，揭露生活中乖讹和不通情理之处。

幽默是智慧的产物。简单的一幅幽默画，短短的一则幽默小品，似乎是信手拈来的一句幽默语言，往往蕴含着浓浓的情趣和深刻的哲理，使人在忍俊不禁中得到某种启迪和教益，而释心释怀，捐弃前嫌，发出会意的微笑。正如莎翁所说的使人类"见到自己的丑相，由羞愧而知悔改，正是笑能温和地矫正人们的毛病"。

有个现成的例子很能说明幽默的魅力：

据说有一位美国记者看到周恩来总理办公用的是一支美国派克牌金笔时，便用几分讽刺的口吻说道："总理阁下，你们堂堂中国人，为何使用我国的钢笔呢？"总理听罢，微微一笑答道："谈起这支钢笔，话就多了。这是一位朝鲜朋友抗美的战利品，他又作为礼品赠送给我了。"这位记者听了总理的话，又是羞愧又是敬佩，一时竟无言以对，只笑笑地行着注目礼。

不由得记起清朝黄图珌在《看山阁闲笔》中的一段感言：

> 诙谐亦有绝大文章，极深意味，清婉流丽，闻之可以爽肌肤，刺心骨也……相传至今，偶一披读，令人齿颊生香。乃知诙谐中，固有大文章矣。

幽默与爱心

　　语言大师老舍是个不可多得的幽默家。他认为：幽默首要的是一种心态。我们知道，有许多人是神经过敏的，每每以过度的感情看事，而不肯容人。他老看别人不顺眼，而愿使大家都随着他自己走……反之，幽默的人便不这样，他既不呼号叫骂，看别人都不是东西，也不顾影自怜，看自己如一活宝贝。他是由事事中看出可笑之点，而有技巧地写出来。他自己看出人间的缺欠，也愿使别人看到。不但看到，他还承认人类的缺欠；于是人人有可笑之处，他自己也非例外……

　　老舍自己，正是抱着同情心去阅人阅世的。他觉得"人寿百年，而企图无限，根本矛盾可笑"。他很欣赏这样一种说法："幽默的写家是要唤醒与指导你的爱心、怜悯、善意……你的同情于弱者、穷者、被压迫者、不快乐者。"

　　"幽默"，在西方文学中的起源可上溯到古希腊的阿里斯托芬喜剧。文艺复兴时期的莎士比亚也重视幽默的艺术功用。他笔下的人物，如宫廷弄人、乡下佬、傻仆、雇佣兵、冒险家等典型，都是讲笑话的能手。19 世纪西方现实主义文学出现高潮，也是得力于讽刺、幽默的笔法。在英美产生了像狄更斯、马克·吐温这样了不起的幽默家，幽默文学开始风靡一时。

20 世纪 30 年代，中国文坛上也曾流行一股幽默风。但也有不少人偏激地看待幽默，总以为它"是英国绅士醉饱之余的玩意儿"，片面理解鲁迅所说的"把屠夫的凶残化为一笑"的话，觉得讽刺比幽默好，幽默不合当时国情。

老舍则辩解说："讽刺当然好，但要看得比别人高，比别人远，比别人透。我有时也有讽刺，但不多，也不够辛辣，那对象往往也包括我自己。我也是个芸芸众生，和别人一样；别人有的，我也有，我只能同情地看待，莞尔一笑，不痛不痒。"

幽默是在使人发笑的背后隐藏着对事物的严肃态度，它不希望使人产生一种受嘲弄或被无情讽刺时的痛苦感。

正如生活中有"大江东去"，也有"帘外雨潺潺"，有"金戈铁马"，也有"杨柳岸，晓风残月"的道理一样，人际环境中老是"恨"和"恶"不行，还应该有善意的"笑"和"笑"中的绝妙暗示。更何况有的"恨"和"恶"原本不实在，有装腔作势的，有无病呻吟的，有故弄玄虚的，那呛人的火药味里不时可觉出那么点酸来，真叫人败兴。

奇趣·反语·机智

奇趣与幽默。

奇趣这个词在应用上是很宽泛的，无论什么样子的打趣与奇想都可以用这个词来表示。《西游记》中的奇事，《镜花缘》中的冒险，《庄子》的寓言，都可以叫作奇趣。

一般地说，幻想的作品——即使是别有目的——不能不利用幽默，以便使文字生动有趣，所以奇趣与幽默就往往成了一家人，而常被混为一谈、辨认不清。不过，有一点很清楚：文字要生动有趣，必须利用幽默。假若枯燥、晦涩、无趣是文艺的致命伤，那么幽默正好能救治这种致命伤，因此成为文艺的重要因素之一。

反语与幽默。

反语是暗示出一种冲突。这就是说，一句话中有两个相反的意思，所要说的真意却不在话内，而是暗示出来的。

例如《史记》上记载着这么一件事：秦始皇要修个大园子，优旃对他说："好哇，多多搜集飞禽走兽，等敌人从东方来的时候，就叫麋鹿去挡一阵，蛮好！"这话表面上看来是顺着秦始皇的意思说的，其实是用反语劝谏。秦始皇听出了话中之话，觉得有理，便没再提造园的事了。

可见反语比幽默还要轻妙冷静一些。它也能引起我们的笑，可是得明白了它的真意以后才能笑得出来。

机智与幽默。

机智是用极聪明、极锐利的言语，来道出像格言似的东西，使人读了心跳。中国的老子、庄子都有这种聪明。

讽刺已经很厉害了，可到底要设法从旁面攻击；机智则是劈面一刀，登时见血。如："圣人不死，大盗不止！"这才够味儿。

有机智的人大概是看出一条真理，便毫不含糊地道出来；幽默的人是看出可笑的事而巧妙地道出来：前者纯用理智，后者则赖想象来帮忙。

"在事物中看出一贯的，是有机智的。在事物中看出不一贯的，是个幽默者。"这样，机智的应用，自然在讽刺中比在幽默中多，因为幽默者的心态较为温厚，而讽刺与机智则要显出个人思想的优越。

我们常常把充满机智的、有思想深度的哲理性格言警句之类，引为座右铭，恐怕主要也是因了它的理性灵光对人有一种警策作用吧。

"笑的哲人"

老舍对滑稽不太感兴趣。他认为滑稽剧在中国的老话儿里应叫作"闹剧"，这种东西没有多少意思，充其量不过是做出可笑的局面，引人发笑。这是幽默发了疯。假若机智是感情诉诸理智的，闹剧则是仗着身体的摔打乱闹。

悲剧是把好端端的东西"摔"坏，让你痛心，引起同情和怜悯，使你灵魂得到净化，感情得到升华。

喜剧是把丑陋的东西暴露出来，让你厌恶，引起你的是非感和善恶观念。喜剧批评生命。

闹剧则是故意招笑，这在当今的娱乐片和影戏小品里仍常可见到。许多滑稽得有点荒唐的动作和场面，每使我们笑得肚痛，但是除了对观众或读者的身体也许有点益处外，恐怕别的什么也没有了。

老舍于是直言，假如幽默也可以分等级的话，这是最低级的幽默，往往只为逗笑，而忽略了——或根本缺乏——那"笑的哲人"的态度。

不由得又回到幽默的心态的话题上来。还是这位语言大师说得最到家：

所谓幽默的心态就是一视同仁的好笑的心态。有这种心态的人虽不必是个艺术家，他还是能在行为上言语上思想上表现出这个幽默态度。这种态度是人生里很可宝贵的，因为它表现着心怀宽大。一个会笑，而且能笑自己的人，决不会为件小事而急躁怀恨。往小了说，他决不会因为自己的孩子挨了邻儿一拳，而去打邻儿的爸爸。往大了说，他决不会因为要战胜政敌而去请清兵。褊狭、自是，是"四海兄弟"这个理想的大障碍；幽默专治此病。嬉皮笑脸并非幽默；和颜悦色，心宽气朗，才是幽默……幽默的写家会同情于一个满街追帽子的大胖子，也同情——因为他明白——那攻打风磨的愚人（堂吉诃德先生）的真诚与伟大。

幽默与心灵美

由幽默的含义、特点、功用，特别是它所呈现的心态看来，幽默美与心灵美的关系极为密切。

幽默感和幽默语言，是以心灵美为思想基础的。心灵不美，口才再好，总缺乏一种感染力，所经营的幽默难免流于文字游戏、卖弄口舌，而令人反胃。

幽默能够使心灵美充分地显露出来。它体现一种人世间弥足珍贵的宽宏精神；又由于内容上旨在警醒对方纠正乖讹，故见其真诚的爱人之心，使人不仅易于接受，而且切切地感激在心，引为知己。

语言美的基本要求是：文雅、和气、谦虚。较高的要求是：语言标准、逻辑正确、词汇丰富、语法规范、修辞优美等等。幽默常以特殊的方式显示逻辑的力量和修辞的美感。它使语言美深化，也使心灵美外化。

"君子坦荡荡。"心灵美的外化，正是人们所崇尚的"谦谦君子"的形象。

"君子"与行为美

何谓君子？中国历代道德家的论述汗牛充栋，令人眼花缭乱，这会儿不妨换个口味，且看外国人如何理论。

英国著名宗教界领袖与杰出散文家约翰·亨利·纽曼，1852 年在公教大学所作的有名讲演《大学应如何办》第八讲中，以极为简练峻洁的语言对"何谓君子"进行了阐述：

> 所谓君子，即在他能注意为他周围的人解除其行动障碍，使之办事免受拘牵；他在这类事上重在同情，而不在参与……尽量做到令人舒适：仿佛安乐椅之能为人解乏和一团炉火之能为人祛寒……是故真正的君子在与其周围的关系上也必同样避免产生任何龃龉与冲突——诸如一切意见的冲撞、感情的抵牾，一切拘束、猜忌、悒郁、愤懑等等；他所最关心的乃是使人人心情舒畅，自由自在。他的心思总是关注着全体人们：对于腼腆的，他便温柔些；对于隔膜的，他便和气些……当他施惠于他人时，他尽量把这类事做得平淡，倒仿佛他自己是个受者而非施者。他一般从不提起他自己，除非万不得已；他绝不靠反唇相讥来维护自己；他把一切诽谤流言都不放在心上……他目光远大，慎思熟虑……他

深明大义……他志行高洁……他耐心隐忍……在他身上，我们充分见到了气势、淳朴、斩截简练。在他身上，真挚、坦率、周到、宽容得到了最充分的体现：他对自己对手的心情最能体贴入微，对其短处也能善加回护。他对人类的理性不仅能识其长，抑且能识其短，既知其领域范围，又颇知其不足。

文中所提出的伦理规范，毕竟是对西方世界道德沦落现象的一种鞭笞和反驳，因此尽管是一百多年前的关于"世道人心"的说论，对于今天我们所理解的心灵美的塑造和评价，仍有着借鉴意义。

真诚和善良，是心灵之美的前提。法国启蒙思想家和哲学家狄德罗说得好：

真、善、美是十分相近的品质。在前面的两种品质之上加一些难得而出色的情状，真就显得美，善也显得美。

语言美和行为美是心灵美的外部表现，心灵美又是人的内在美，人的外在美（人体美和服饰美）和内在美互为表里地构成了人的美。

多少人为之津津乐道，而每个人都只能小试一次的伟大的人之美啊！

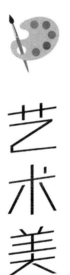

艺术美

艺术美

艺术并非自在的自然物。

艺术美是在对自然美进行加工的基础上产生的。

这个"加工"，必建立在物质材料的现实基础上。譬如绘画、书法离不开画板、颜料、"文房四宝"，音乐离不开声带和乐器，雕塑不能没有"金、木、水、火、土"，舞蹈更不能不让活脱脱的人上场，仓颉造字之前又哪来诗文和小说？

这个"加工"，也必运用一定的工具和技巧，方可成全。譬如要完成一席烹调艺术品，除备有山珍海味、油盐酱醋等物质材料外，还得借助于锅碗瓢盆、炉灶刀勺等厨具，更不可缺少刀功、火候、烹饪、掌勺等一应技术和经验，否则，好端端的东西被弄焦了煳了腥了苦了，岂不倒人胃口！

这个"加工"，本身就意味着加工者对物质材料的审美属性的认识和发现，意味着对自己审美能力的肯定和把握。艺术创造的过程，是对物质材料的利用、加工、改造的过程，因而可看作是人类征服自然、重塑自然，同时丰富自身、实现自身的过程。

这一"过程"给人带来了无比的激动、亢奋甚至疯狂，也带来了不可多得的快慰与满足。审美意义也许正在于此。

艺术在本质上是精神性的。马克思主义将其界定为一种社会意识形态，一种精神生产，一种掌握世界的方式。艺术的力量，在于提炼了社会现象的审美方面的情采，用以建筑自己的肌体和灵魂。它源于生活，而应高于生活。

歌德说，艺术家对于自然具有双重的关系，是主人，也是仆人。

席勒说，真正美的东西必须一方面跟自然一致，另一方面跟理想一致。

这就注定，艺术之路是辉煌灿烂的，艺术家之路是艰苦卓绝的。

为艺术家们祝福吧！

诗的"留白"特权

诗的语言是经济的，句句字字抠得紧。它是任何一个民族语言最精粹的结晶。

诗的印刷是最不经济的。诗行两侧大面积地空在那儿，却没有谁站出来制止这种"铺张浪费"。为什么呢?

原来，诗句分行排列，是诗歌一个最特别的外在标志。在现代诗歌中，一首诗可以不讲平仄、不押韵脚、不限音节，却不能不分行。分行是诗的形式美中视觉美感的有机成分，它构成了诗的建筑美。

> 如残叶
>
> 溅血在我们
>
> 脚上，
>
> 生命便是
>
> 死神唇边
>
> 的笑。
>
> ……

翻到李金发的诗作《有感》，单这古怪的形式感先就唤起你的审美注意了。读之，那行与行、节与节之间所设下的间隔，明显地强化着诗感；再读之，旧社会人格主体在环境压抑下所体验到的崇高感，便在意象群的总体效应中氤氲以出，而使我们随着抒情主人公的情绪流动，感悟到诗的建筑美的魅力，确可诱导读者渐入诗作的精神境界和思想内核。

再看范方的《鹰》：

> 压下一江乱云
>
> 为强化暴风雨前
>
> 震耳欲聋的死寂
>
> 当你已发现天涯奥秘，顷刻即将收回
>
> 盘在危岩上的铁爪
>
> 如
>
> 箭
>
> 射
>
> 出

这最后四个字的奇特排列方式，不可视为文字游戏。它意在创造一种有声有色的氛围，使读者在诗的建筑美中获得高标、舒展、凌厉的视觉印象，同时在听觉上产生一种箭已"嗖"的一声脱弦而出的通感效果，对"鹰"的风采的认识自然也就深刻得多。

我们常见到像楼梯一样次第排列的诗行，一看便知是马雅可夫斯基的"建筑"风格。中国古诗是不分行的，今人临摹古诗字帖仍然连头两格都不留，便是佐证。中国新诗的分行是从西方学来的。新诗的建筑美渐渐得到国人的认识和尊重，使得新诗用语的"经济"和用纸的"不经济"达到了统一。

　　大概没有人认为建筑物的台阶、楼道、走廊和阳台是浪费地皮吧。

同理，新诗的"留白"特权应无人非议，更无从非议。

诗的节奏美

诗歌是最富于音乐性的语言艺术。

"寻寻觅觅，冷冷清清，凄凄惨惨戚戚。"李清照《声声慢》的开头一串叠字，平平仄仄，掩掩抑抑，如歌如泣如诉，精确深刻地袒露了这位女词人当时愁苦幽怨的心态和情感，被时人称为"绝唱"。其功在于复迭手法的运用，以情语的重叠，表现情绪的低回，内在和外在的音乐感得以相谐，而效果全出。

作为听觉艺术的音乐和作为语言艺术的诗歌，原属于不同的艺术门类，但单从"节奏"这一要素上看，就有明显的共同之处。诗歌的音乐美，主要取决于诗人如何创造和把握诗的节奏感。郭沫若说过："节奏之于诗是它的外形，也是它的生命，我们可以说没有诗是没有节奏的，没有节奏的便不是诗。"（郭沫若《论节奏》）中国古典诗词的节奏，表现在平仄、对仗、押韵的讲究和节拍顿止的错落配合。新诗虽也强调字面上的抑扬顿挫，但似乎更注重波澜起伏的内在感情节奏的处理。

且看李瑛在《紧急集合》一诗中，怎样以紧凑、短促的节奏，表现亢奋、激昂和豪迈的情绪：

急促的哨子在叫，

叫他，叫你，叫我；

叫起一座座山，

赶快列队集合。

快走！快走！快走！

……

惊落了黄叶片片，

吓呆了凝云朵朵；

让路！让路！让路！

有话回来说。

……

对比一下公刘的《运杨柳的骆驼》，便可见舒缓、悠长的节奏，正好表现一种轻松、纡徐、畅达、深沉的内心气候：

大路上走过来一队骆驼，

骆驼骆驼背上驮的什么？

青绿青绿的是杨柳条儿吗？

千枝万枝要把春天插遍沙漠。

明年骆驼再从这条大路经过，

一路之上把柳絮杨花抖落，

没有风沙，也没有苦涩的气味，

人们会相信：跟着它走准能把春天追着。

除了节奏外，许多诗歌还靠押韵的作用来造成声音的回环激荡，不仅使诗歌读起来和谐悦耳，而且因了同韵声音的重复沓至，使诗歌的结构上更显出一种紧凑、厚重的整体感。

中国古典诗歌几乎全有押韵，朗朗上口，好读好记。臧克家在向晚辈推荐旧诗词时曾说："不懂也没关系，把绝句当歌唱，先把它成诵，首先被诗的音乐性所打动，由音渐渐到意。音，动听，也动心。义，一时不懂，早晚会懂。"

自由体新诗也有不押韵的，这无不可。或许这样更着意于一种义的回环，造成另一番气象，也不失高明呢。

诗中之画非丹青

中国历代诗人都尽力地在诗歌中营造可睹可感的画面美。除王维的诗以"诗中有画，画中有诗"为大家所熟识外，韦应物的《滁州西涧》也因出色的绘画美而令人称绝：

　　独怜幽草涧边生，

　　上有黄鹂深树鸣。

　　春潮带雨晚来急，

　　野渡无人舟自横。

诗中景语，如真实画面活脱脱呈于眼前。诗却又不是画。画家倘袭用诗题作画，多是摹写诗中最有暗示力的词句。据传宋代宫廷画院曾以"野水无人渡，孤舟尽日横"为题来考选宫廷画师，竟获得好一批佳作。

其实诗人写景重在感兴。善用景语，却意在化景语为情语。诗中之画已非丹青，而属意象，只是寄托情思或哲思的载体，似乎不必担心诗人抢了画家的饭碗。

所谓绘画美，指的是诗的意象美。

诗人的内在情感本身是无形的，必须通过某种外界形象作中介物才能约略昭示。而"借用"的形象也已满载诗人的主观感情色彩，比物象升了一格，更少些与"事实黏着"的临摹，更多些"摆脱形模，凌虚结构"的创造。"意"与"象"的和谐交融、相得益彰，使抽象的内心情感转化为艺术形象而获得美学价值。

卞之琳的《墙头草》，是让人领略到有寄托的绘画美的很有代表性的名作：

> 五点钟贴一角夕阳，
>
> 六点钟挂半轮灯光，
>
> 想有人把所有的日子，
>
> 就过在做做梦，看看墙，
>
> 墙头草长了又黄了。

章亚昕在诗评中说，《墙头草》是用"墙头草"的枯荣暗示人生。草没有感觉，人可有感觉。对于草，日光和灯光全是一样，该长自长而该黄自黄。对于人，茫然于日夜交替，昏然做梦或漠然望墙，那生命该是何等可悲！《墙头草》"画"的是墙头，其主旨实是写心，抒发不甘寂寞的情态，表现对于生命的感慨。

《墙头草》很形象，但它是画不来的。就是能画上，也难以表达以草喻人的感兴或感叹。章氏所言极是。回过头来琢磨宋代化用韦应物写"野渡"的诗句为题考选宫廷画师的"佳话"，不由得想，去诗中觅画，倘体会不出诗人的怀抱和寄托，表现不了诗中的意象的底蕴，单是附庸风雅，为"翻译"诗中景语而搬弄丹青，很难想象会有什么有价值的收获。

小说人物的性格美

　　小说是文学的一大样式，其中心是写人。

　　这"人"，不是作者自己。抒情诗抒发的是诗人本身的思想感情，散文多半叙写作者自己的见闻和随感，而小说不一样，它主要地记叙"别人"身上或周围发生的事。

　　大量的小说，用第三人称叙述。叙述人神通广大。汪洋之大，草芥之末，他无所不至，无所不识，似乎知晓一切，掌握一切，包括谁都不曾涉足的太空宇宙和人心世界的最深邃悠远、最神奇隐秘处。小说笔触所向，是充分自由的。

　　人物形象无疑是小说的核心。要达到笔下人物穷形尽相、呼之欲出的程度，小说家们不会忽视于人物典型性格的塑造。

　　车尔尼雪夫斯基曾说："在整个感性世界里，人是最高级的存在物，所以人的性格是我们所能感觉到的世界上最高的美。"

　　世界上没有两片树叶是一模一样的。

　　人的典型性格也是千差万别、丰富复杂的。

　　金圣叹之耽情于《水浒传》，主要原因在于它成功地塑造了一系列典型性格。他在《读第五才子书法》一文中不无激动地说："别一部书，看过一遍即休。独有《水浒传》，只是看不厌，无非为他把一百八个人性格都写出来。"

可见一部小说的美感力量的大小，与小说人物性格的刻画成败大有关系。小说中"站"起来的人物，可以名垂千古，以为实有其人，甚而直接影响读者的精神面貌，使之灵魂得到某种程度的净化。

其他例子不举，单说这位天才大评点家，欣赏了李逵遇焦挺的一段描述后，简直不能自已，在第六十六回回首总评中大发感慨：

> 令人读之，油油然有好善之心，有谦抑之心，有不欺人之心，有不自薄之心。真好铁牛，有此风流，真好耐庵，有此笔墨矣。

一个大学问家尚且为书中人物感奋若此，可知成功的人物形象富有怎样至美而至善的魅力！

人的缺陷美

典型性格之丰富复杂，自然地也包括人物形象的种种缺陷。

高尔基曾说过："人们是形形色色的，没有整个是黑的，也没有整个是白的。"这是生活的真实。小说倘如实地反映这"形形色色"，便有了种种"缺陷美"的产生。

"缺陷美"作为美学概念，是西方近代美学家提出的，很新。但这种美的现象早就存在于小说作品之中。

《红楼梦》第二十回写宝玉和黛玉正在说话，湘云走来笑道："二哥哥，林姐姐，你们天天一处玩，我好容易来了，也不理我一理儿。"黛玉笑道："偏是咬舌子爱说话，连个'二'哥哥也叫不出来，只是'爱'哥哥'爱'哥哥的。回来赶围棋儿，又该你闹'幺爱三四五'了。"

这里且不说黛玉奚落湘云的另一层趣味，单那湘云的"咬舌"，便活脱脱一种美人之陋，富有缺陷美的特殊魅力。难怪第一位红学家脂砚斋兴味盎然地批道：

> 可笑近之野史中，满纸羞花闭月、莺啼燕语。殊不知真正美人方有一陋处，如太真之肥、飞燕之瘦、西子之病，若施于别个，

不美矣。今见"咬舌"二字加之湘云，是何大法手眼敢用此二字哉？不独不见其陋，且更觉轻俏娇媚，俨然一娇憨湘云立于纸上，掩卷合目思之，其"爱""厄"娇音如入耳内。然后将满纸莺啼燕语之字样填粪窖可也。

"美人方有一陋处"，前提是美人。环肥燕瘦、西施之颦，可谓缺陷。但因她们整体形象是美的，这小小缺陷无关宏旨，无碍大局，不仅无损于形象，反而增加了形象的现实感和生命感，给人物带来了一种特殊的风韵，而格外地吸引人。

鲁迅先生在《中国小说的历史的变迁》中指出：

> 至于说到《红楼梦》的价值，可是在中国的小说中实在是不可多得的。其要点在敢于如实描写，并无讳饰，和从前的小说叙好人完全是好，坏人完全是坏的，大不相同……总之自有《红楼梦》出来以后，传统的思想和写法都打破了。

十全十美的是神，不是人，而神并不存在。我们要勇于承认人的缺陷，并善于鉴赏其缺陷美。

文章之妙无过曲折

小说的情节，是为表现小说主人公的性格和命运服务的。

小说形象的创造过程，表现为时间进程。在这个进程中，作者无不各显其能，按生活的逻辑和人物性格的逻辑，尽可能地把故事情节安排得委婉曲折、摇曳生姿，在读者心中造成悬念、期待等一系列审美心理。读者正是因了被调动起来的兴趣，才不忍释卷，身不由己地进入作者要求的某种心境。

"文章之妙，无过曲折。"金圣叹在评点《西厢记》时说："诚得百曲千曲万曲、百折千折万折之文，我纵心寻其起尽，以自容与其间，斯真天下之至乐也。"他很强调情节的惊险性和传奇性，读《水浒传》写宋江在浔阳江遇险的情节后，他援笔批曰：

> 此篇节节生奇，层层追险。节节生奇，奇不尽不止；层层追险，险不绝必追……如投宿店不得，是第一追；寻着村庄，却正是冤家家里，是第二追；掇壁逃走，乃是大江截住，是第三追；沿江奔去，又值横港，是第四追；甫下船，追者亦已到，是第五追；岸上人又认得艄公，是第六追；舱板下摸出刀来，是最后一追，第七追也。一篇真是脱一虎机，踏一虎机，令人一头读，一

头吓，不惟读亦读不及，虽吓亦吓不及也。

在同一回的一处夹批中又曰：

不险则不快，险极则快极也。

所说的"快"，就是快感，即读者所期待的美感享受。这份享受，正是来自奇险情节造成的忧与乐、惊与快在心理上的转化过程。

小说故事情节之令人移神忘我，摄魄勾魂，明摆着的例子是阿拉伯民间故事集《一千零一夜》。王后山鲁佐德为了自救，每晚都讲一个情节生动而充满悬念的故事，使暴戾的国王沉迷进去，急欲知道下面又发生了什么，而屡屡"误"过了太阳升起时动刀问斩的事。

情节，也不全是紧锣密鼓。有时"忽然一闪"，故意停顿一下，造成读者的焦急心理。如《水浒传》写林冲在柴进庄上与洪教头比棒，正要开始，柴进却说"且把酒来吃着，待月上来也罢"。此是一顿。后来终于开战了，不到四五回合，只见林冲托地跳出圈子来，叫一声"少歇"，要求取下护身枷。又是一顿。等到开了枷，正要重新登场比武，柴进又叫"且住"。这又是一顿。"真所谓极忙极热之文，偏要一断一续而写"，"极力摇曳，使读者心痒无挠处"。

修订《三国演义》的毛宗岗，对情节发展"百忙中故作消闲之笔"的手法也倍加推崇。他在《三国演义》第二十七回回首总评中批道：

至于关公行色匆匆，途中所历，忽然遇一少年，忽然遇一老人，忽然遇一强盗，忽然遇一和尚，点缀生波，殊不寂寞，天然有此妙事，助成此等妙文。若但过一关，杀一将，五处关隘，一味杀去，有何意趣？

　　小说情节发展中因了"闲笔"的点缀，造成两种节奏、两种气氛的互相交织和衬托，平添了生活情景的空间感和真实感，美感也由此氤氲以出。

小说语言的魅力

语言是文学的第一要素。

小说人物的塑造、情节的展开，都是以语言为工具的。凝练、达意、形象、传神的文学语言，可以大有功于人物的栩栩如生和情节的引人入胜，它本身的种种品质，也每每脍炙人口，给人以不可多得的美感享受。

小说语言一般以叙述和描写为主。

叙述是对客观事物的一般说明，是对人物、事件、环境的朴实、粗略的介绍。

描写则是对客观事物的具体刻画，是对人物、事件、环境的生动、形象的描绘。

唐以前的小说大都是叙述，唐宋传奇也是叙述多于描写。宋元话本以后的小说，描写的成分逐渐增多，手法也日益多样。

外国小说常常是叙述融化于描写当中。

中国古典小说则常常是描写融于叙述之中。

在构成作品的形象性上，叙述的作用不及描写，但在对社会生活和人物的粗略介绍上，在情节的结构上，叙述的作用又绝非描写所能企及。

如《三国演义》开头的一段话：

> 话说天下大势，分久必合，合久必分。周末七国分争，并入于秦；及秦灭之后，楚、汉分争，又并入于汉；汉朝自高祖斩白蛇而起义，一统天下，后来光武中兴，传至献帝，遂分为三国。推其致乱之由，殆始于桓、灵二帝。

不到一百个字，就简明扼要地叙述了几百年的历史。倘具体描写，恐怕要添大半本篇幅，且势必导致主次不分，冲淡或埋没了主要情节。

而文艺的注重形象的特征，决定了描写手法的特别的重要性。

要出色地完成描写的使命，非得有驾驭语言的精深而绝妙的能力。且看果戈理在《死魂灵》中，如何把贪婪的守财奴泼留希金描摹得活灵活现：

> ……那小小的眼睛还没有呆滞，在浓眉底下转来转去，恰如两匹小鼠子，把它的尖嘴钻出暗洞来，立起耳朵，动着胡须，看看是否藏着猫儿或者顽皮孩子，猜疑地嗅着空气……袖子和领头都非常龌龊，发着光，好像做长靴的郁赫皮……颈子上也围着一种莫名其妙的东西，是旧袜子，是腰带，还是绷带呢，不能断定。但绝不是围巾。一句话，如果在那里的教堂前面，乞乞科夫遇见了这么模样的他，他一定会布施他两戈贝克……

泼留希金是个极度贪婪和吝啬的农奴主，作者通过眼睛的描写，透露出这个人物狡诈多疑的内心世界；他是个拥有千余农奴的大富翁，偏偏把自己装扮成男不男女不女的乞丐相，作者通过外貌和衣着的夸张的描绘，使这个人物的吝啬、愚昧的守财奴特性更加鲜明突出了。

小说语言的魅力，不仅在穷形尽相，更在于传神写照。倘徒具其形而无其神，那只能是泥人木马，是没有生命、没有个性的死物。如《封神演义》中的许多人物，便是有形无神的傀儡和战争武器。

传神之笔在古今中外名著中比比皆是，它不在辞藻华丽，而在于描写语言的准确、简沽，能把对象的本质和特点极鲜明极生动地表现出来。冯梦龙对小说语言的巨大表现力和感染力是有足够认识的，他说：

> 试今说话人当场描写，可喜可愕，可悲可涕，可歌可舞；再欲捉刀，再欲下拜，再欲决胜，再欲捐金；怯者勇，淫者贞，薄者敦，顽钝者汗下。虽小诵《孝经》《论语》，其感人未必如是之捷且深也。

散文的天真美

　　散文的"诗意美"、散文的"形散神不散"等，前人之述备矣。我观散文，以为"天真"和"随意"最具美感力量。

　　述志抒情的天真，运笔行文的随意，全凭心灵上的自由。王国维认为，文艺之所以为文艺，就因为它有境界，而艺术的境界，是"能写真景物、真感情者"。"境非独谓景物也，喜怒哀乐，亦人心中之一境界。"

　　喜怒哀乐，作者的真性情，敢不敢、善不善于表露，取决于作者的人格，并决定着文章的品位。

　　不由得想起创造社创始人之一、曾在福建留下过沉重足迹的文学家郁达夫先生。1936年他抛家别子，只身南下，并不纯为了应邀赴任福建省参议，更有受鼓舞于"八闽的健儿，摩拳擦掌"的同仇敌忾的氛围，想来此间择一块地为抗日救国大业捐绵薄之力的用意。他常自卑自贱，但并不甘于沉默。他的时时奔突于心腑的爱国主义热情，他的不肯囿于世俗又苦于不可自拔的无边愤懑，他的无所措于入世和出世之悖的抑郁心理，以及执着于艺术境界和自然美的追求的那颗童心，随时都想在自己的笔下无所顾忌地表现出来。他留下的《闽游滴沥》

一组六篇游记（在 1936 年的《宇宙风》杂志上连载），是他当年行迹和心迹的毫不隐私作态的"自序传"，其喜怒哀乐之情的袒露，确乎达到了他所追求的"赤裸裸的天真"。

他住在福州南台，发现这里"门临江水，窗对远山，有秦淮之胜，而无吏役之烦"，而由衷地为之称庆。上了鼓岭，发现"这小家碧玉的无暴发户气"，不由得惊喜地赞叹这一点正是"鼓岭唯一迷人之处"。在谈到"福建美人"时，他以为历史上著名的，要首推和杨贵妃争宠的梅妃。当听说清朝初年，有一位风流的莆田县主官刻了一枚"梅妃里正"的印章来显耀自己是皇妃家乡的父母官时，他极端鄙夷地讽刺这个官员"与后来袁子才的刻'钱塘苏小是乡亲'的雅章，同是拜尸狂的色情的倒错"。

当他在鼓岭上看到几位吃得醉饱的老者，在阳光里一时呼呼瞌睡了过去的时候，不由得像孩子似的欢欣于"又是一幅如何可爱的太平村景"。在这国事蜩螗的年头，郁达夫对和平安定生活的向往显得尤其强烈，以至于发愿说：

> 千秋万岁，魂若有灵，我总必再择一个清明的节日，化鹤重来一次，来祝福祝福这些鼓岭山里的居民。

契诃夫说过："艺术之所以特别好，就是因为在艺术里不能说谎。"只要发之于心，便要表之于言，这种"真性情"喷薄于纸上，所揭示的境界纯真质朴、自然可信，做到了"实诚在胸臆，文墨著竹帛，外内表里，自相副称"（王充《论衡》），所以是美的。

随意与通脱

不管是抒情散文、叙事散文还是议论散文，都可以打破时间与空间的约束，上下几千年，纵横千万里，宇宙之大，昆虫之微，招之即来，挥之即去，任你指点，由你评说。作者在散文的国度里，享有比其他式样的领地上更多、更充分的"自由"。

也许正因了这"自由"，人一时手足无措，反倒不知如何放松自己，从容进入"角色"。

散文的"散"，并非说文章可以无凭借，无组织，沿途兴之所至，随意收购废品、抓差拉夫或乱点鸳鸯谱，到头来但见牛头生马嘴、遍体辞藻堆砌、标签如甲，而浑不知文心何在。

这"散"一般指取材和行文上的随意。

这"随意"的"意"，即作者欲抒之情、欲述之志、欲说之理，以此为线，一路逢散玑而穿缀、寻遗珠而潜行，看似不经意，但等氛围既成，线头一抖，活脱脱一件精品即在目前了。

鲁迅曾说："散文的体裁，其实是大可以随便的，有破绽也不妨。""与其防破绽，不如忘破绽。"这里似乎不单单言及散文作者在创作时，要有舒展自如的精神状态，还认为散文本身也不应有任何定法的束缚。

如魏文帝所云"盖文章，经国之大业，不朽之盛事"，未免太玄了。提起笔来，你对文心、文理内外的可能造次——"破绽"，先就担着一份心，那么文章和人是一样潇洒不起来的。

散文作家杨闻宇对文学之事想得"通脱"，于是在《魂迷于文学之海》中说：

> 面对着文学之海，我觉得我大可以随便，有话即长，无话即短，任性而起，由性而收，不拘一格地写，郑重其事地写，为我所处的社会尽——尽我的心意，也就行了。

通脱、随便、任性……文章才可做到以作者自己独有的姿态、声音、风格说话，个性、修养、气质、趣味等必融于字里行间，让人读起来感到自然、真实而亲切，于是美之精灵也便不期而至。

所谓"文采"

　　唐诗人杜牧有云："凡为文以意为主，气为辅，以辞彩章句为之兵卫。""苟意不先立，止以文采词句，绕前捧后，是言愈多而理愈乱。"言下之意，是说文章辞彩应为作者所赋予的"意"和所欲经营的"气"服务，不该"抢镜头"、喧宾夺主；但"主"要是已立，而左右之"兵卫"愚钝埋汰，萎靡不振，那也是大煞风景的。

　　"言而无文，其行不远。"无论如何，文采是需要的。

　　我们常常对"文采"持警惕态度，可能是不由自主地把它与辞藻的华丽画等号。

　　其实，正如李蕤在《散文的思想和文采》一文中所说：

　　　　所谓文采，绝不只是辞藻的华丽，美是多种多样的，雄浑阔大是美，激昂慷慨是美，热情澎湃是美，富丽堂皇是美，而含蓄、朴素同样是美，而且往往是美的极致，朴素美不是没有文采或避忌文采，而往往是"至巧近拙"的文采。

　　古之骈文家讲求的是句式的对仗，以整齐工巧为美；散文家如反骈文的古文运动旗手韩愈、柳宗元等，则用伸缩离合之法，以错综变化为美。前者以绮靡风华、色泽浓丽为贵，故不得不大量搬用成语、典故，雕琢浮词，或拾取别人用过的东西，敷衍成章；后者则以简练、朴质、平淡、本色为贵，因而主张"辞必己出"，其加强文采的功夫，在于锤炼语言，锤炼属于自己的、读之如闻其声如见其人的富有个性的语言，锤炼为表述内容服务的质而不芜、气盛言宜的最恰当语言。

林语堂先生对散文小品的语言文采的见地，很具代表性。他在《小品文之遗绪》中说：

> 我所要搜集的理想散文，乃得语言自然节奏之散文，如在风雨之夕围炉谈天，善拉扯，带感情，亦庄亦谐，深入浅出，如与高僧谈禅，如与名士谈心，似连贯而未尝有痕迹，似散漫而未尝无伏线，欲罢不能，欲删不得，读其文如闻其声，听其语如见其人。

散文但求"散文化"

　　杨匡汉等一批文艺评论家，审视当代的一些散文，发现了散文审美轨道的某种偏离。诸如散文的"通讯化""诗化""杂文化""小说化"的现象，会使散文在"附庸"式取向机制下逐渐导致轻贱和丢失自己。杨氏在《艺术散文的本体回归》这篇专论中呼唤散文自身的审美复归，是有其理由的。就说好些人津津乐道的散文的"诗化"吧——

　　诗的艺术概括和散文的艺术概括显然不同。诗的想象方式注重假定性，而散文艺术的个性化情思注重具体性；诗可以把生活大幅度地情绪化，而散文中"形似"的部分不仅大于在诗中的，而且要把握对事物特征的准确感受；诗又像"舞蹈"，情感与想象的放纵要合乎律动，并且讲求集中和单纯，而散文则像"漫步"，比诗容纳更多的事物的过程、曲折的细节、微妙的差异和变化……这样，强调以诗的方式去写散文，就容易导致散文艺术真实性的紊乱和削弱。以往一些散文只讲到事物的类的特征，并用泛化的假定性去做"诗意的升华"，其结果，散文所要求的特殊的差异性和精微性被淹没了。

再看看散文的"小说化"吧——

在小说中，环境、事件、人物、性格、命运受到作家的全面关注……而散文则排斥故事叙述的饱满性，更排斥小说中戏剧性的传奇；也不必去追求刀砍斧削、有棱有角的性格刻画。散文中，环境的描写是一种激活心灵库存的信息；事件的涉猎是主体情趣的自然流淌；而人物的风貌，也是从光和影的交叠中给读者以透明与纯净的感染。外在情节的脉络化和人物性格的复杂化是小说的优越性，但硬搬到散文中来，就往往变成人工的造作，影响了散文的行云流水。

散文这个化、那个化，唯独不去追求"散文化"，不去探索散文自身的规范和精髓，这也许可说是"散文之树近二三十年有走向枯萎之势"的原因之一。

不由得联想起美国优秀散文家克罗瑟斯的一篇题为《人人想当别人》的讽刺性散文。

他说，"人人想当别人"的天然欲望，常使人们不能各明其职和各安其位；人人想当别人的这种思想也是造成许多艺术家与文人学士好出现越轨现象的重要原因。他们对自己所熟识的东西常常感到厌烦，而喜欢去尝试种种新奇的结合。一种艺术的实践者总是企图去制造另一种艺术才能制造的那种效果。于是"不断把事情搅乱"了——且看文中所举实例：

有的音乐家一心想当画家，想使其操琴的方式有如挥动画笔。他硬要我们去欣赏他为我们所奏出的落日奇景。而画家则想当音乐家，他要画出交响音乐……另一位画家则想当建筑师，其构图造型的方式活像他是在砌砖铺石……再如一位散文作家写得厌倦起来，因而想当当诗人。于是他遂在分行与大写之后，继续照写他的散文不误……

克罗瑟斯抨击此类现象，并不见得就是反对姊妹艺术之间的互相渗透和借鉴。但毕竟，散文创作"舍近求远"的负效果，我们是尝到了那股酸味的，因而有识之士吁请散文观念上的审美调整，呼唤散文自身的审美复归，那份苦心是令人感佩的，也是可以理解的。

灵魂的直接语言：音乐

约翰·施特劳斯站在黎明的多瑙河边，潮湿的风吹乱了他的头发；透过薄雾，他听到了心爱的河的呼吸，于是一个从未有过的旋律向他飞来，亲切地、热烈地向他倾吐着这片大地上那一切幸福的、痛苦的、美丽的事和人。"啊，我的亲爱的维也纳，多瑙河！"他流泪了……

于是，小提琴、圆号、长笛的声音，簇拥着春天的母亲河的形象，从他的心中升起，又走进他的曲谱，一首被称为"奥地利第二国歌"的著名圆舞曲《蓝色的多瑙河》便诞生了。

音乐，是灵魂的直接语言。

它以声音的高低、强弱、长短、明暗、摁抑、流滞、动止、收纵等等，对人最可宝贵的情感体验进行赤裸裸的淋漓尽致的模拟，对丰富无比而变化万千的情感世界进行惟妙惟肖的刻画。

音乐中的情感形象全然是"直观"性的，它通过人的听觉直接感受，不凭借其他艺术媒介。感情是一个过程。音乐是时间艺术，也是一个过程。因而它最易于追随感情，并反过来激发感情波澜，支配感情流向。

音乐所表之"情"，是概括而无形的。它"引起"我们什么，而不负责"告诉"我们什么。譬如哀乐，它引发我们悲哀、沉痛、缅怀的情绪，却不告诉我们为谁悲，何以痛，追怀哪些往日的情景。

乐曲并非都是对具体对象的形象描绘，也并非都有情节演进的暗示。因之，直接由欣赏乐曲时的感情所"引发"的想象是自由的，常常处于"只可意会，不可言传"的境界之中。

而由不同音乐感知与情感体验所引起的不同欣赏者的想象，又会呈现许多明显的差异。

文友乔梅在她的音乐散文中引述了一个"错了的故事"——

一个月光如水的夜晚，音乐大师贝多芬在郊外散步，忽听一所破旧的房子里传出了钢琴声，弹的是他的一首奏鸣曲。

他轻轻推开房门，见是一个双目失明的少女在一架破旧的钢琴上弹奏。此时夜风吹灭了烛火，柔和的月光从窗外照进来，照着盲女的钢琴，清幽、圣洁。深受感动的贝多芬乐思勃发，即兴为盲女和她的鞋匠哥哥弹奏了一曲。乐声中，盲女仿佛看到了她从未见过的景象：大海上，月亮从水天相接的地方升起，银光洒遍海面。忽然，大风卷起了巨浪，波涛在月光下闪着白亮的光……

贝多芬飞奔回家，花了一夜工夫把刚才弹奏的曲子记在谱纸上。这曲子就是著名的《月光奏鸣曲》。

多么动人的故事，却为什么说它是"错了"的呢？原来，贝多芬此曲正式标题为《升C小调第十四钢琴奏鸣曲》，德国诗人莱尔斯塔在贝多芬死后，根据第一乐章那一瞬凄清、哀伤的情绪有表示月光的可能，于是凭主观想象，将这乐曲喻为"湖畔月色"。这一"想象"被后人接过去，又演绎成如上所述的"盲女的故事"，曲子由此得名《月光奏鸣曲》。

《月光奏鸣曲》引起的鉴赏者的联想和想象可谓"见仁见智"了：俄国钢琴家鲁宾斯坦认为标题中的"月光"是荒唐和滑稽的，《贝多芬传》的作者泰厄说这首曲子的第一乐章是"少女为生病的父亲祈祷"，罗曼·罗兰则把这一乐章解释为失恋的忧郁、哀诉和痛苦，俄国艺术批评家斯塔索夫从曲子中竟读出一部完整的悲剧……

由此可见，音乐欣赏中的感受，带有相对的演绎性，即所谓不确定性。也许，正由于音乐语言和形象的这种不确定性和不具体性，使它更具生动性、丰富性和独特性，更能够强烈地打动人心。

音乐的情感力量

你听过德彪西的《大海》吗？你想象过那浪花在怎样变幻着光和色的运动，风和海在怎样对话，那音调、那和声，怎样如月光在水面曳动，如阳光在抚存山川、草树？

你听过柴可夫斯基的《悲怆交响曲》吗？你听出那对从青年时代起就纷扰着他的忧愁的无声抗议，对从未体验过的爱情和幸福的渴望，对普通人的内心体验所表现出的怜爱和信赖，以及对生与死永恒矛盾的较量的勇决了吗？

你听过刘天华的《空山鸟语》吗？那深山幽谷里百鸟的和鸣，能不激起你对大自然、对生命、对生活的无比钟情和热爱吗？

你听过阿炳的《二泉映月》吗？那如泣如诉的命运的述说，能不令你感慨于人生的蜀道，为社会底层人民的悲苦和不屈而一掬清泪？

音乐形象，是由声音在时间中的运动形成的，是活跃的、发展的、流动的，最能体现生命运动的深层节奏。

音乐直接影响着人的生理机制，最容易打动人的情感。音乐之所以能引起广泛的共鸣，是因为音乐所表现的情感是全人类的情感。

无产阶级斗士们从容就义前高唱《国际歌》，刽子手的枪口也会发颤。列宁说全世界的工人可以凭着《国际歌》找到同志和朋友，除了歌词具有明确的语义标志的原因外，曲中的特定音乐形象还是奋起、团结、创造新世界和视死如归，它代表了所有饥寒交迫的受苦人的不屈意志，因而它成了"同志和朋友"的感情纽带。

又如《黄河大合唱》，那磅礴雄浑、气势宽广的旋律，实际上是整个华夏民族崛起的呼声，它令人想起周恩来总理那振奋人心的声音："愿相会于中华腾飞世界时。"

高尔基说，歌，就是力量，就是战斗的号角，就是人们思想的火花。

伏契克说，歌声，就是生活，没有歌声就没有生活，犹如地球上没有太阳一样。

三百多年前，西非海岸的一批批黑人被贩运到北美大陆。他们戴着锁链，他们一无所有。然而，他们唱起了歌。他们在种植园极其残酷的耕作中唱劳动歌曲；在完全丧失人格尊严的生活中用歌声排遣痛苦；在赶牲口的漫长行程中以歌声驱除孤独；他们怀念遥远的故乡时，便唱起古老的非洲民歌……他们的歌声在方圆几里的范围内回响，震撼着沉睡的茂密森林。这些歌曲有力、深沉、悠扬，有时像虔诚的祷告，有时像痛苦绝望的灵魂的呜咽。

贝多芬说："音乐应当使人类的精神爆发出火花。"黑奴们并未料及他们的拍手、顿足、击鼓、狂歌，会迎来"爵士乐"的诞生，但他们可以为精神的"火花"作证！他们在"苦中作乐"中，切切地感受到了音乐的美和音乐的力量！

生命的律动：舞蹈

　　舞蹈，是以人体（动作、姿态、手势、顾盼）为物质材料的艺术。在舞蹈中，人既是创作者，又是创作工具和创作成果。与其他门类的艺术媒介取自自然或人造的"身外之物"相比，舞蹈是"独领风骚"的。

　　舞蹈的特点既然是舞蹈者本身的生命律动，那么生命活力的表现、生命情绪的宣泄、生命机能的演示、生命意义的张扬，便是舞蹈的灵魂。闻一多所言极是："舞是生命情调最直接、最实质、最强烈、最尖锐、最单纯而又最充足的表现。"它使舞蹈者自身在训练有素而"得心应手"的艺术实践中，感受到生命的真实和自在；也使欣赏者心理节奏趋于同舞者相谐，从而同样感受到生命的真实和自在，于是美感愉悦油然而生。

　　我们有时会见到这样一种情形：台上的演员载歌载舞，跳得昏天黑地；台下的观众如痴如醉，跟着节奏不由自主地耸肩扭腰。这种场景在崇尚文雅、收敛个性的矜持的中国人中还不多见。在其他一些国家，这种观众"卷入"的盛况并不鲜见，甚至出现观众纷纷起立舞之蹈之，影响台上的节目继续下去的尴尬局面。

这是因为，人具有一种天然的节奏欲，人的感官对于节奏的反应特别敏感。不是有好些人，只要一听到节奏感较强的适合于跳舞的音乐，哪怕这曲子没有旋律，只那么"蓬嚓嚓……"，他就会下意识地联想到华尔兹、吉特巴等舞步，而觉着"脚底痒痒"，甚至就地小扭几步，旁若无人吗？可见节奏的感召力之强之烈了。

舞蹈动作艺术的一般规律，可以说是将经过提炼的人体动作节奏化。我们在欣赏高水平舞蹈表演之时，常可隐约地感觉到，舞蹈者在许多方面都极力地表现其节奏对比关系，比如感情起伏、情绪交流、呼吸沉浮及动作力度强弱、速度疾缓、幅度大小变化的节律处理。可见舞蹈的艺术语言是细腻、丰富而深刻的。它和音乐一样，很能表现某种严格的数学结构。不同的是，舞蹈可进行慢镜头分析，音乐好像不行。录音带快放，成鹦鹉吵架的声音；慢放呢，女声变男声，男声变……

音乐是时间艺术。

舞蹈艺术是时间的，也是空间的。

舞蹈的情感内核

情感可以说是舞蹈的内核。

人类祖先以手执牛尾、投足以歌的形式，表达对天地、始祖和超自然圣尊的崇仰膜拜之情，表达对禳恶消灾、风调雨顺的渴求祈盼之情，于是有"击壤歌"，有"祈雨舞"……

英国人类学家泰勒曾指出："野蛮人的世界就是给一切现象凭空加上无所不在的人格化的神灵的任性作用。"舞蹈正是处处将自然物拟人化，赋予自然物以人的情感，譬如常见的把天鹅、大雁、孔雀、春蚕，甚至水仙、鲜藕等的动作形态"引进"舞蹈，又赋予了人的喜怒哀乐，寄寓了人对自然精灵的理解和融洽的真情。

舞蹈在原始时期，主要在虔诚地模拟生活，带有浓重的神秘色彩。现代舞蹈则以表现和抒情为主，而以模拟和再现为次。它从现实生活中提炼一定的动作加以规范化和程式化，具有越来越强的虚拟和概括性，尽可能运用舞蹈者活生生的人体动作语言，去"以情概貌"，而有意避开"写实描摹"。这样，"抽象"的成分便强化了，甚至可借情感表达来直接象征情感本身。

西方现代舞《哀思》为描述人的纯粹的悲苦哀痛之情，舞蹈者黑服紧身，只身上台，时而举起僵直的手臂交替伸向苍穹，时而蜷缩扑跌如柔肠寸断，以多次反复的夸大的动作造成一种张力，隐喻着舞蹈的主题，给观众以强烈的情感感染。福建省歌舞剧院的《命运》，亦有异曲同工之妙，在国际上拿奖回来并非偶然。

舞蹈动中有静、静中有动，动作递变与瞬间定型交替出现，前者呈现一种生机勃发的流动美，后者呈现一种激动人心的雕塑美。可见舞蹈与音乐有缘，也跟雕塑有缘，难怪一位美学家感叹道："一个好的舞蹈演员就是一座活动的雕像。"

雕像是属于理念的，也是属于情感的。但无论如何都属于力，属于美，只要称得上是雕像。

凝固的舞蹈：雕塑

雕塑，曾被称为"凝固的舞蹈""无言的诗章"。它是空间造型艺术，通常以三维空间的物质实体，塑造可视可触的艺术形象，使人们可以从不同的距离和角度来欣赏同一作品，从而获得种种形体感受和情绪感染。

为达到这个"多角度"，雕塑家们或雕、或刻、或镂、或凿、或琢、或塑，都尽量地使其浮起来（浮雕）、圆起来（圆雕），从而使体积的构成和推移更实在、更明确、更显而易见。

亚述雕刻中，有件兀立在萨尔贡二世宫门口的守护神《人首飞牛》石雕，头部是人的，躯体是牛的，却长有飞翅。其妙处不仅表现在把人、畜、禽三者结合得浑然天成，更在于给这只"神牛"所雕的五条腿，使观众们在大多数的角度下都能看到其中的四条腿，增强了这一庞然大物的稳定感，又显示出静穆中的动感，同时也维护了（至少四肢的）"完整性"。

雕塑似乎伴随宗教信仰和图腾崇拜而来。古埃及哈夫拉法老的金字塔旁边，伏卧着一尊高达二十米的巨大石雕"斯芬克斯"——人面狮身像。其面容据说是仿哈夫拉法老的相貌雕造的。异教徒入侵时，石雕面部遭破坏，鼻子崩落，肩眼模糊，乍看上去，显出一种怪异的"笑脸"，气候、天色变幻时透出一种浓重的神秘感。后人因之以"斯芬克斯的笑容"比喻某些人面部表情的神秘可疑，似乎藏着一个无解的远古的"谜"。

但毕竟，雕塑的主要表现对象是人。无论是云冈石窟、龙门石窟的石雕，麦积山、敦煌石窟的泥塑，还是唐三彩俑、秦陵兵马俑，都是如此。哪怕是神像佛像，其实质也是人。

甚至有以人来象征物的，如法国迈约尔的《地中海》，以女人的丰满的肉体象征富饶，以她温文的神态象征安宁，以她明朗简约的造型象征地中海及其哺育的希腊文化。

哲学家苏格拉底有次到一位雕刻家的工作室去，曾谈及：雕刻要能吸引观众，就必须"把活人的形象吸收到作品里去，并且通过形式表现心理活动"。

"希腊主义"时期的雕塑杰作《拉奥孔》，是件悲剧性极强的作品。歌德曾撰文评论说，人类对自己和别人的痛苦有三种感觉：畏惧、恐怖和同情。雕刻能表现其一已经很不容易，而《拉奥孔》却包含了这三种不同的感情——父亲刚受蛇咬仍奋力搏斗，以引起人们的恐怖；左边的小儿子被蛇紧缠即将气绝，以引起人们的惋惜和同情；右边的大儿子并未遭蛇咬，似有可能逃脱，以引起人们的担心和畏惧。

雕塑艺术意蕴的概括性是其一大特征。雕塑不像音乐、舞蹈，它往往只表现行为的瞬间，但其中含有整个过去和未来，看似静止，却有一种内在的运动。罗丹的《思想者》，是一个深沉凝重而苦苦思索的巨人形象，那浑身暴突的青筋、紧张的肌肉、抓紧的脚趾、支颐的拳头、深刻的目光，虽都在即时即刻中显现，实际上给人的"错觉"是："他在梦想，脑海里慢慢地精心考虑着丰富的思想。"是"慢慢地"，不是"瞬间"，这是罗丹自己所说的，并且旨在告诉人们：这"思想者"其实"不是一个长久的梦想家，他是创造者"。

好一个美丽的"错觉"！

雕塑质朴美的创造

雕塑一般地只表现典型本身，具有美的单纯性特点。它不像绘画那样过多地搞对照和烘托，也不假以外敷的颜色，一般只注重利用物质材料本身的自然色泽和质地，创造出一种质朴的美。

陶器的浑圆、细腻，石料的厚重、朴拙，木材的坚韧、庄严，青铜的刚劲、质实……各个被雕塑家们看重，分别做了内容、风格、类型不同的雕塑作品的物质材料。

对材料本色利用之讲究，其效果之佳，莫过于福州"特产"寿山石雕了。一盘水果，浑然一体，怎的有红的荔枝、黄的枇杷、紫的葡萄、绿的橄榄？一只公鸡，毛羽纯纯的一色，那高昂的冠子怎的灼灼如火？信不信由你：那四季果不是拼盘，那鸡冠也不是染的。原来，寿山石矿里本有不同的色彩和纹理，雕刻师在下刀之前，必对采来的石料反复审视、把玩，按画竹者胸中先有竹的"原理"，用"眼刀"对石料进行取舍，根据色彩变换和纹理走向，把腹稿的形象恰到好处地"移入"石料里去了，这才动手。雕到里层时，倘发现新的色和纹，雕刻师还会随物赋形，捕捉到原稿里所没有的东西——这就叫"绝活"。

我们较常见的雕塑有宗教雕塑和城市雕塑。

宗教的神像大多为金身，为的是造成一种辉煌、威严、神秘的氛围。不管是泥塑还是木雕，一般都认真地贴了金箔，于是质地本色全被淹没了，我们更多的是被调动起一种虔诚，去集中注意力感受其崇高、其玄妙，而不是鉴赏其美。

城市雕塑则较注重材料本身质地和色彩之美的体现，如富于女性美的柔和圆润的大理石，具有男性的雄健力度和强烈光感的青铜，等等。德国美学家温克尔曼说，古典艺术的美，在于静穆和含蓄；希腊雕刻的美和崇高，是因为它表现出一个沉静的灵魂，"就像最纯洁的水，愈没有味道就愈好"。此高论似应包括对雕塑材料取向的美学要求。石料、铸铜等，浑朴，质实，同"没有味道"的水一样，正有助于表现含蓄的美和沉静的崇高。

传统的城雕以纪念性的题材为多见。把"纪念性"的要求同"装饰性"的要求结合得最自然最成功的典范，要算法国浪漫主义雕塑家吕德的代表作——巴黎凯旋门上的浮雕《马赛曲》。其所颂扬的是法国大革命期间，法国被欧洲反动势力包围时，人民群众踊跃出征、保卫祖国的英雄主义。其精神载体仍然是人，是一群唱着《马赛曲》奋勇前进的战士。

同是建筑师兼雕塑家的塔特林，想造个第三国际纪念塔，采用的却是"构成主义"的方法。他认为革命后的艺术应摒弃人的形象，而仅仅表达某种激情和概念即可。所用的材料也摒弃了石料或青铜，改用钢筋水泥等，做成一个歪扭着盘旋而上的、楼梯式的线体组合高架，原计划要做到比巴黎的埃菲尔铁塔还要高，后因故未动工，仅留下一个设计模型。

尽管塔特林"要把钢铁抛上天"的宏图未能如愿，但毕竟，随着现代雕塑艺术观念的嬗变，雕塑家的眼光开始从人体上移开，而专注于空间的拓展。于是雕塑的物质媒介也发生了一场不大不小的革命，诸如塑料、玻璃钢、尼龙、金属丝、纸张、麻绳，甚至连空酒瓶、易拉罐壳、报废车辆及其零部件等生活垃圾和工业垃圾，都可能被利用成为雕塑的材料。

无论传统的东西如何被花样翻新，但雕塑材料自身品性和价值，不仅没有受到无视，反而越来越讲究了，以至于有的还走向极端，出现过将一个瓷制便器原封不动地展出，题为《泉》，"理论"依据是：艺术不该破坏材料的个性，云云。

建筑的时代精神

　　建筑是实用性最强的艺术，它与人类生活联系最密切最广泛，因之建筑美与适用性是密不可分的。"适用、坚固、美观"被视为建筑的三大因素，不无道理。

　　建筑艺术直接受制于物质材料和建筑技术水平，通常是利用象征的手法，运用空间组合、形制、比例、色调等构成体量恢宏的艺术整体形象。

　　由于建筑物不是作为人类居住的场所，就是作为社会活动的集散中心，故而其艺术力量之一，是深刻地反映民族的传统意识，同时又体现生机勃勃的时代精神。

　　鸟瞰北京故宫建筑群，那金碧辉煌的色彩，那前呼后拥、左右对称的格局，令人感受到皇权宏大的帝都气象。

　　俯视南京中山陵，那金钟一般形状的建筑平面，令人联想起孙中山唤醒民众的警钟，犹觉声声在耳，撩拨情怀。

　　驻足深圳荒土上崛起的楼群前，那匝地摩天的气势，那不惮"木秀于林"的果决，令人惊羡于深圳速度和特区性格，而顿生闻鸡起舞之念……

建筑的美主要是形式美。建筑的形式除受建筑材料的制约外，还受到时代思潮的影响，而呈现出不同的风格。

埃及的王公贵族们只把住宅看作旅舍，而把坟基看作永久的"住宅"，因而把专供安置法老棺椁的处所建成庞大而牢固的金字塔形，以其体量的无比恢宏和设计上的极其规整，喻示埃及统治者的永生不朽和统治基础的不可动摇。

古希腊雅典卫城的神庙，于规整中又有变化，风格较自由活泼，显得错落有致，反映了希腊城市繁荣的历史背景和较为民主开放的时代风气。

西欧中世纪的教堂，则以高耸入云的尖顶、镶有五颜六色玻璃的门窗、狭长的甬道走廊等，制造一种肃穆的氛围，宣示神的灵威，使人诚惶诚恐，敬而畏之，不敢造次。

文艺复兴时期，以罗马教堂为代表的巴洛克建筑风格，造型多取曲线，装饰但求华丽，与人欲解放的世俗风尚相合拍。

现代派建筑的发展就更为迅速了，要不是适用功能对建筑形式仍有着不可轻易动摇的决定作用，那么"新潮"建筑恐怕要与现代雕塑走得一样远了。

建筑与社会心理

　　建筑是一种广义的造型艺术。它不可能像绘画、雕塑那样较直接地再现生活，但可以用一种比较抽象的形式，来概括地反映一个时代的社会心理。中国现代城市建筑艺术的形象，多少都焕发着一种改革开放年代的特有神采，同时也显示出建筑艺术家的创新意识和审美趣味。

　　近几年，在福州市五一路往北甩去的那条轴线两侧，陆续出现一批富有时代气息的新建筑，让人窥见了建筑艺术美的精灵已在福建省会落脚。

　　且看市内第一座高层建筑——雄峙于五四路西侧的闽江宾馆，那临街立面的蹄形墙根，犹如骏马腾空前往下一蹲的架势，积蓄着无限的爆发力，又觉笃定如山；其面街而"收肩"的丁字形平面，则利于采集八面来风，看上去又不觉得拘泥。

　　与之对峙的外贸中心建筑群，高低、平竖、揠抑、繁简的处理，均服从于对称中求变化、沉稳中求活泼的总体构想；明亮的红色屋面，则以色彩的强烈刺激令人心旌鼓荡，而对世界性商品经济漩流的冲击添些心理承受力和自强自立的信心。

到中医学院看看，那富有民族风格的牌楼式大门，与门内两侧的西式高楼，形成矛盾的对立统一格局，喻示着自然科学超越国界的神力和东西方文化相生互补、泽及全人类的哲思。

更令人惊叹的是，省体育馆南侧的市中级人民法院，规模不大，其建筑内涵竟是如此丰富：六角形平面造型打破了矩形平面的传统，四面花岗岩高墙又如柱石一般增其外观的庄重，楼前的雕塑——一块方体，一颗圆球，似有"构成主义"的况味，以简括的形式感和抽象意味，隐喻"圆是圆、方是方"的不可移易的法律的公正和尊严，使人有所警醒，有所感悟。

北京亚运村在中国是空前的。就如那游泳馆，立体建筑峻拔高标，两旁弧形对称下竭，既张扬了现代建筑追求不规则和表现自由奔放的开明意识，又保持了中国传统建筑讲究衡定稳重的风格特点。亚运村附近的人造小山丘和喷水池等的设置，显然留着中国古典园林建筑的一分匠心呢。所谓"中国特色"，于此亦约略可见，始信乎建筑个性和审美理想的历史积淀，是集体无意识的，与文明进程是相谐的，因此也是自然的。

绘画与幻觉

　　绘画与雕塑同属于造型艺术。绘画的本质和雕塑是一致的，区别只在于绘画是压缩了三维空间的平面构成。

　　平面是二维的。我们要在二维中看出三维（即立体）的效果，只有仰仗幻觉了。西方古典绘画正是以制造看似"真实"的视觉幻象为目的的。这种纵深空间幻觉，是画家们通过一系列的透视和光、色、线、形、体的运用"制造"出来的。

　　我们在上素描课时多有体会：单画人脸和五官的轮廓线，显得扁平，而一旦用不同浓淡的线条画出或擦出形体的明暗调子，包括留出高光部、处理好明暗交界线和反光部，那么脸蛋五官便立体起来、"真实"起来了。我们在欣赏油画作品时可能感受更强烈，总觉得画面上的形象正迎着我们突现出来，要是一串葡萄或几颗草莓，怕有馋嘴的小子生出"剽"它两颗尝尝鲜的欲念。

　　古代中国画却不以表现物象的立体感为能事。它的妙处在于，其空间结构既不靠光影色调的机械烘托，也不拘泥于雕镂式的立体几何透视，而是经营一种以体现线条美为主的节奏空间，按老前辈美学家宗白华先生说是"中国画的造境"，造出一个"永恒的灵的空间"。可见古代中国画着意于写意而非写实，以宣示画家心理的"抽象"冲动。

不管是西画还是中国画，发展到现代，都觉得相互"阴差阳错"花样迭出，难于臧否。比如西画中，出现"变形变体"的抽象的现代派画风，与以写真、模仿的造实空间为基本特征的老传统"拜拜"了。承传写实路子的画派中，却也各执一端。有的画面上的视觉图像都是逼真的，表现的却是梦幻的非真实的内心视像，这是用"真"否定真的"超现实主义"绘画。另有一种是"超级写实主义"绘画，采用比摄影更摄影的种种办法，制造乱真效果，把绘画的写真性推向极端。于是实物可以上画板，画笔也可以丢开……后期现代派的画作够我们在瞠目结舌中开开眼界了。

灵的空间

　　书画同源，连艺术媒介也几乎相同。笔、墨、纸、砚——文房四宝，备下它，可写字，可作画。中国画在古代，主要是属书写性质的，属于平面的、流动的抒情性艺术。一幅国画作品在落款时，每书曰"写于某年某月"，而不说"画于某年某月"，便是明证。

　　既然中国画"空间的构成是依于书法"的，那么它的灵魂便是笔墨功夫了。中国山水画的透视法常常是"散点透视"，中国画中的人、物常常不求形准但求神似，主要的心思似乎全在讲究一把笔的皴、擦、勾、斫、染、点等的造型功用和技法，讲究"墨分五色"使气韵飞动的视觉画面效果。传统中国画几乎不假颜料设色，故而有谓之水墨画的，此又是一证。

　　笔墨"构成"过程中情感外化，却是画家们难以掩抑的。在长期的实践中，这种"外化"又有着不同的表现方式，甚至影响着他们的风格。

　　红豆生于南国，其缠绵悱恻之情愫涵泳于山水之间，赋予人的灵感也便显得格外细腻、婉约。因而在南方传统山水花鸟画家的笔下，杏花春雨、草长莺飞、晓风残月、雾失楼台等，自然成为最常见也最有把握的画题。倘去描摹霜晨孤寺、寒江独钓、雪芦归雁的雪景，可能或透露出温婉柔润、或过于肃杀凄清，难得氤氲一股尖健、苍雄的豪壮之气。

北国的冰雪画自有一番气象。虽冰封千里，惟余莽莽，而不失生机；虽大雪压枝，冰凌挂树，而绿意犹浓。那种粗犷，那种奔放，那种生命精灵不可摧折的风骨，是严冬的诗，是冰雪的歌，是北疆的性格，是祖国半壁河山的灵魂。南方画家要状写出雪国的这番气象，殊不容易。它不单靠冰雪画的特殊笔墨技巧，更需要对那"风骨"、那"性格"、那"灵魂"的认识、感悟和把握，蓄成一种情感的力量，而后诉诸抑、扬、挫、折、拘、洒、晦、明的笔墨运筹之中。这就得走出纯形式、纯技法的小圈子，投身大自然，拥抱生活，去领略那千里冰封的真实雪景，去耽情于那银白色的内涵无限的童话世界。

现代中国画由于中西文化的交汇融化，而日益走向多元。有的大量吸收西洋画色彩、素描和透视法的滋养，使画面笔墨酣畅，而姿彩流溢，离"书法空间"似乎远了，其实那"生死刚正之骨"和"柔润丰华之韵"都还在，所增加的是色彩、块面、光影的艺术语言，作品显得比传统中国画更偏重于理性和逻辑。

而有的则大力开掘文人画的写意作风，追求朴拙，追求稚气，追求抽象、变形、民俗味、哲理性、诗化乃至"仙风道骨"中的禅意。福建省文联某年贺年卡《知己图》，我以为是这类画作中分寸把握较精当，对中国本土哲学、美学的挖掘很见层次的代表作之一。整个画幅中的"诗、书、画、印"组合定式，全然属于宋元以后的文人画派头，而所透露出的那股浓浓的人情味，是寻常百姓的，易于接受也乐于接受的，真叫作"雅俗共赏"。

艺术追求诉诸画面，能做到雅俗共赏，很不容易，因而是可贵的。

美哉，中国书法

凡有人类休养生息的地方，都有交流思想、互通信息的语言，和记载语言、形诸书面的文字。

中国文字，无义不备，且始于象形；外国文字，无声不备，而止于符号。前者悦目，后者悦耳。中国字的"象形"和"悦目"，决定它具有观赏价值，因而它的书写便发展成为一种称作"书法"的纯艺术，在世界上独树一帜。

中国书法笔法最完备的"代表作"，是号称以"八法"苦心经营的一个"永"字。中国特产的毛笔，使这种"苦心经营"而出艺术成果的努力成为可能。书法中的"笔"的概念，则是指毛笔与纸、绢等接触所产生的线条。这线条是有生命、有灵性、有法、有度、有风骨的。中国画以"外师造化"而抽象的线条，完成以形写神、表意的艺术指归；中国书法同样是通过抽象线条的挥运，表现的则是书法家内在的情感。书法家力求给每一笔画都注入生机，赋予活力，并使点点画画之间，骨肉辅称、筋脉相连、轻重得宜、肥瘦合度。要达到这种程度，必须熟练掌握书法技巧和法度，苦练扎实的基本功，拥有广博的学识和文化艺术修养。缺乏功力、不识法度的人往往又自我感觉良好，下笔必忸怩作态，或"龙飞凤舞"，不顾上下相望，四隅相招；或矫揉造作，以板滞为高古，以浮薄为潇洒，很难给人以美感。相传王羲之苦练了十五个年头，才敢说写好了那个"永"字，可知先贤们对书法这门艺术的态度是怎样的严肃、虔诚和审慎。

我们在欣赏书法作品时，一般来说，首先注意的是作品的书体。

中国文字书体的演进和丰富，自春秋战国时代有意识地把文字作为艺术品进行文饰、美化至今，已是篆、隶、草、楷、行诸体各领风骚了，不管它们过时不过时，在书法艺术长廊里都是一项无价而不朽的瑰宝。谁探得个中三昧，就算是没办法学好写好它，也自可好好地欣赏它。

穷形尽态

　　我们现在常见的篆书是小篆，是秦统一中国并统一汉字书写时创制的。"篆尚婉而通"，其结构追求匀称端凝、回抱照应、纵横得势，常见一些原本"畸形"的字，被巧妙地通过调整其中若干笔画的长短、伸缩、曲张、欹正、擫抑，而变得均衡若定，平整和谐。其笔墨线条以圆婉通达为特色，点画的质感美很突出，劲直者如矢，婉曲者若弓，却又藏骨抱筋，不露"火气"，使人感觉到婉中含劲，通中有节，是为上品。

　　隶书自篆书中脱颖而出，得力于改中锋圆转为出锋和波磔两种笔法的创新，且一扫篆书的因循拘谨，大胆地在运笔的徐疾轻重、点画的粗细变化、结体的开张茂美上寻求突破。由于方、圆两种笔法兼用，使隶书比篆书洒脱多姿，由瘦硬朴拙渐渐趋于润腴隽秀，完成了汉字古今两体交替的一大转折。隶与篆在形状上是相去甚远的，笔意上却仍与篆体相属。初学者抓住了"蚕头""燕尾"之类的点画装饰和若干字体的变异，就以为"得其古风"，那显然把隶书看浅了。倘能领略一番《礼器碑》的匀称疏朗、《史晨碑》的丰润殷实、《曹全碑》的俊逸流丽，定会感悟隶书世界的深广与峥嵘。

草书、楷书为千余年来广泛流行的书法。它们在形体上，都由隶书衍进。隶书自汉朝成了正式的通行字体而代替了秦篆后，又渐渐地简化、规整化，遂诞生了被称为"今隶"的楷体字。而在此前，几乎在隶书流行的同时，有一种较苟简随意的隶书写法，便派生出草书的一脉，与楷书结成兄弟一对。

被称作书法界"枢纽人物"的王羲之，是位精擅隶书的大家，其更卓著的贡献则在能将隶法巧妙而正确地、富有变化地移入楷书、草书之中，传为不朽的典范。他的正、行、草、章各体的笔势和字形，如斜反正，若断还连，金声玉振，左规右矩，如"龙跳天门、虎卧凤阁"，皆从隶法变化而来。

楷书亦名真书，"二王"独成新派以降，名家辈出，各呈气象：虞世南的沉厚安详，坚挺而不露锋芒；欧阳询的精整险劲，森凝而浑穆高简；颜真卿的以拙为巧，"细筋入骨如秋鹰"；柳公权的神气清健，用笔古淡无尘俗；赵孟頫的破弃成规又廓大古法……

草书贵在"不求形似，刻求神往"。其形迹似坐卧行立，各尽意态；其神采如行云流水，自然飘动。张旭所看到的一切物象，如虫鱼鸟兽、草木花实、日月列星、雷霆霹雳等可爱可怖的形态，都被他"抽象"地寄托在自己的草书里；而平生的悲喜、仇怨、幽思、倾慕等情绪也便一并发泄于笔端。文如其人，字亦如其人，我们在欣赏书法作品时，可约略幻见书家的品貌和性情。

行书的特征是"非真非草"，运笔上讲究开承转合、轻重徐疾自不消说，要紧的是通篇气脉贯通，虚实有度，浑然一体中含相避相形相呼应之妙，又各尽情态，如出乎自然。

中国书法的结体、章法、布局乃至诗、书、印的组合定法，都旨在尽可能穷形尽态、发挥书法表情达性的功能，创造一种灵的空间，引发欣赏者的联想和想象，在充满生命活力的书法暗示中，去领略书法艺术的意境美，去感受宇宙自由的情状和人类的笔底波澜。

戏剧的虚拟

　　不论在城里还是在乡下，中老年一辈的人都可以美滋滋地讲出一段以前如何当戏迷的经历。现在年轻一些的人，因逢着影视业蓬勃发展的年代，比较少看戏，也就有了一种陌生感，顶多在屏幕上见到些戏剧录像，又怎能领略到在戏台旁看戏、听戏的那种特殊的味儿呢？

　　戏剧是一种综合艺术，是文学、音乐、美术、舞蹈等各种艺术的综合体，因而显示出多方面的审美价值，让不同层次、不同爱好的人各有所钟、各得其乐。有的从舞台上的布景变换、人物调度、光影追配中，欣赏到动态的画面美；有的从戏曲演员的叙事表意抒情味都很浓的唱腔中，欣赏到奇特的音乐美；有的从演员的程式化的、颇富象征意味的身段和动作中，欣赏到变异的舞蹈美；有的在三面开放的舞台前捕捉演员的不时亮相，欣赏到活人的雕塑美；而戏曲独白的诗朗诵味儿和话剧道白的散文味儿，也是各呈异趣，吊人胃口的。

　　王国维说，戏曲是"以歌舞演故事"。这故事的发生、发展至结局，可能有上下数千年、纵横几万里的时空跨度，却必须集中在小小舞台上"重演"。这是戏剧艺术的难题，又正是它的特长。俗话说："天地大舞台，舞台小天地。"这弹丸之地是大千世界某一真实场景的缩影，容不下，又必须容纳下来，于是便有了戏剧人物活动场所的假定性、虚拟性的显著特色，整个舞台成了充满符号的戏剧空间。

常常见得，两拨子各三四个兵将交战，就表示浩浩荡荡两军对垒；一个"圆场"，人在原地打转，地点却已改变，可能是在另一城下了；看动作是摸黑武打，电灯分明全亮着；虾兵蟹将活蹦乱跳，台上却不见水；开门关门上闩的动作极逼真，门也就省掉了；马鞭子一扬表示出征，没必要把真马牵上台造气氛而帮倒忙……

时空的虚拟，使戏剧有能耐成为如阿·托尔斯泰所说的"一口就吞下去的完整的世界"。

动作的虚拟，不仅省却了许多道具，更妙之处在于它可以表情达意，刻画人物性格，诉说人物命运，并且因了其程式化后符号意义的明朗，使观众哪怕坐在最后排，看不清演员脸上的表情，也只消看见演员边踱步，边在面前交替着颤抖起手来，便知此时角色心理正处在极度矛盾之中……所谓"动作语言"也因之越来越富有魅力，越来越有利于观众"信以为真"的欣赏心理习惯的形成。

舞台原本就是一个幻觉世界。

常常看到剧中人大难临头了，还有心思大段大段地在那儿唱曲子，有些观众就指责这不合生活逻辑。其实，戏曲舞台上的时间与自然时间并不一致。它可把瞬间拉长，便于刻画人物心理，邀观众一道品味人生；它亦可把多少年月的事压缩在举手投足之间，要不，你演员肯为某角色唱一辈子戏，观众们也得陪上一辈子不成？

演戏，真如表演艺术家盖叫天所说是真中有假，假中有真，真假难分。常见到"台上假哭、台下真哭"的现象。也有人笑谑说："台上半癫，台下全癫。"这很正常。台上演戏就是以假乱真，以假求真，以"假"的艺术反映"真"的生活，台下观众从表演的舞台上因"幻"见真的悲欢离合的生活情景，而激动，而下泪。这泪，是献给"生活"的；剧终的掌声，才是回报给"艺术"的。

影视与蒙太奇

　　看过京剧《沙家浜》里"春来茶馆"前的那一场戏吧？阿庆嫂、刁德一、胡司令怎的都有闲心且都很会唱曲？其中有些"私下里"的话怎的唱给"敌人"听呢？阿庆嫂唱到"人一走，茶就凉，有什么周详不周详"后，杯中无水，却来个倒水下地的动作，还有音响效果呢……这些在生活中不可能有的现象，在戏剧中却常常见到，且觉得很"传神"很"够味"。这就是艺术虚拟化的表现，它与真实性和逼真性并不矛盾。它必须，也可说不得不采取许多假定手法，借以打破时间和空间的限制，以取得表现上的更大自由。

　　电影当然也具有假定性，但与戏剧相比则要小得多。它几乎排斥或尽量避免戏剧式的程式化和虚拟性，让银幕向生活靠拢，追求直观逼真性。试想，在电影里你倒酒不见酒，骑马只用鞭，岂不笑话？临刑前安排大段时间唱歌、演讲、音乐伴奏，气壮山河，这在舞台上也许可收到感染人的效果，在电影里恐怕反倒令人生疑，至少会问：刽子手像电线杆竖在一边，是局部定了格的？做戏的痕迹太重，这是影视的大忌。

　　戏剧主要依靠人物对话、唱腔展开剧情，电影则主要用视觉形象表现矛盾冲突，推动情节发展。而观众的视觉，被摄影机镜头"牵"着走，在"亦步亦趋"中捕捉审美对象。因之，电影艺术能否引人入胜、入迷、入化，功夫在于电影"镜头"对观众的慑力和导向。

最早的电影，其镜头是连续不断地拍下来的，不管与"故事"有关无关、值得看不值得看，都一并推向观众。观众眼睛疲劳了，也学会"挑食"了，而导演也觉得浪费胶带、耽延时间了，于是想出个粘接法，继而出现了越来越复杂、越来越有艺术效果的剪辑形式。观众得以把不同地点或不同时间发生的两个甚至更多的不同事件对列起来，结合成一个整体，与导演一起，开始进行蒙太奇思维。

蒙太奇是电影构成形式和方法的总称。它是为摆脱对戏剧艺术的依赖而出现的构思新招。同时也是为克服纪实拍摄法造成的冗长、芜杂而加强的剪辑新法。

美国导演鲍特早在20世纪初叶，就借助于蒙太奇，把报道纪实素材同表演、搬演素材结合成一个统一整体，进行过有趣的尝试。他在影片《美国消防队员的生活》"诞生"之前，从爱迪生档案馆弄来一批消防队员赶去救火的新闻镜头，在此基础上，他想着把它"打乱"，进行一系列组织、调整和补充。比如，影片一开始，安排一个消防队长拿着一张报纸在打盹的镜头，银幕的一角出现一个用椭圆形来表现的"梦境"，他梦见一母亲把婴儿放在小床上……忽然，警报声响了，队长醒了，特写镜头推出警铃和揿警铃的手。被困在熊熊燃烧着的房子里的母子，则用搬演场面来加以补充。在危难的最后一刻，消防队员们及时赶到，化险为夷……后来在美国电影中占据重要地位的好莱坞闹剧史，正是从《美国消防队员的生活》的尝试开始的。

　　银幕能够再现各种事件的顺序性，也能再现主人公或作者回忆的无顺序性，比如主人公身在天涯海角，思想可能回到家中，或回到童年，于是有许多表现主人公内心状态和情感体验的镜头可以自然地"切入"；主人公在病痛中，精神恍惚，于是天王、金刚、皂隶、无常便可叠映而出，陡增恐怖氛围；枝头上花开花落，只几秒钟便是"又一年"；两个黄鹂鸣翠柳，一对鸳鸯戏水，然后是有情人终成眷属……这些都是电影导演的蒙太奇"语法"，旨在将各种现象的隐蔽的内在联系变得明晰可见、不言自明。它的效果常常是"1+1＝3"的。

　　电影没有蒙太奇就不成其为电影。银幕上与散文中的蒙太奇思维却有着共性。苏联一个电影家说："散文过去是将来也是电影手法的学校。"

　　电影中蒙太奇形象性的显著特征在于运动，在于一个镜头内部组合中从一个景到另一个景的转换。散文（包括小说）无声无影，结构上却同理。

　　多景次描写不仅有利于再现人物的环境、故事的情节，而且可以反映人物自身对外界的主观感受、自由联想和心理冲突。用第一人称叙事，观众虽身在"剧"外，却随着"景"的转换而变得"无所不知"，不由自主地投身到自己不曾体验过的、现在也并非真在体验的故事中去，一会儿站在这一个人物位置上，一会儿又跳到另一个人物位置上，或忧或苦、或惊或怒，由不得自己了。由于你所面临的是许多非现实的、本来不可能见识到的生活景象，你日常生活中的视听内容和方式都被改变了，你仿佛进入了一种幻境，你不复为你自己，而与另一个人"同呼吸共命运"，你暂时摆脱并超越了自我，于是美从中来……

永恒的瞬间：摄影

摄影艺术跟绘画相近，以光线、色调、构图等造型语言为媒介，在二维平面上反映三维空间的立体美。

摄影艺术创作的工具和材料，是当代物理学、化学、电子科学等现代科技成果的结晶，它离不开自然科学。

然而它毕竟是艺术，属于社会科学。它通过选择客观的审美形象，运用准确生动的艺术语言，来表达作者的审美感受和审美评价。

哲学家以抽象思维的方式，用抽象的概念，阐释着世界；艺术家则用形象思维的方式，用具体的形象，来说明世界。摄影之类的空间艺术的形象思维，属于视觉而非想象的形象思维，是一种多元的瞬间同步的形象思维。

摄影家的全部本事，在于捕捉"伟大的瞬间"。

这一"瞬间"何以"伟大"，其伟大何以得到鉴赏者的感知和认同，则是摄影家们苦心孤诣、孜孜以求之所在。他们的功夫应该不仅仅在于依靠机械的如实再现来告诉人们什么，更重要的是在客观的作品中如何夹带主观，写实中如何写意抒情，使人们从"瞬间"凝固的镜头中坠入"时间隧道"，自个儿调动起经验和灵思，去感悟多义的主题，去品味摄影语言的张力，去把握哲理意蕴的寄发，去消化抽象符号的引进，去完成鉴赏者的"二度创作"。

我乐于做摄影艺术作品的欣赏者。

我常常在"瞬间"的镜头中失踪。当我寻回自己的时候，往往带回一束关于"瞬间"的文字。

曾神移于一幅摄影作品，黑白的，画面混沌，应是大漠，有风的脚踪；沙地上一座小木屋孤立无依，幸有一株半面伸枝而无叶的小树作陪，写实的，却如符号。无人迹，却生气不泯，于是感动，于是美意与哲思一并俱来：

> 就这样挺拔于大漠，百折而不摧。那是一棵树。叶片儿似已无存，但绿意宛在。有树枝儿带风而含响，说着坚忍和顽强，说着春的不死和关于明日的话题——那是一面生命的旗！
>
> 就这样安扎于荒野，万劫而不移。那是一个窝。
>
> 主人们似已睡去，那笑容宛在。一千次毁圮，一千零一次重建，拓荒者在梦中也喊着征服。这小屋便是创业史的缩影——一部打开了就不再合上的书！
>
> 并非所有的路都通向繁华。
>
> 并非没有路的地方都写着孤独。
>
> 就这么烟火一缕、鼻息数声，便氤氲着一个灿烂的世界。
>
> 这世界再小也是无限！

曾有几家杂志选同一幅摄影作品作封面，画面中央是一只展翅的鸥鸟，背景是夜幕，但如焰火正燃，如极光骤闪，如某天体爆炸，火星四溅，灿烂无比。我于惊讶之后，生出了为之"写意"的念头，于是有了这样一段文字：

　　它正好飘举在我的眸子和光源之间。我于是发现了它的存在。并且以为它就是神奇的发光体，那样辉煌地丰富着夜的形象啊。

　　我不愿意承认这是美丽的错觉。就如我情愿把夜幕中的火花看成天上的星星——不是飞散，而是集聚，集聚在瞬间的永恒里。

　　然而，它却不认为自己是烛照穹冥的阿波罗的化身。它不习惯于在人们仰视的错觉中，剥取并独享这夜的灿烂。

　　——它就是它。它就是鸟。没有走样的凡鸟呵！它也在追寻光明，追寻夜空中的星和星空下的海，海啊……

　　它只相信翅下的风。风诚心扶持它高翥。风常告诉它海在哪里。风可以证明它身上并无光环，但它整个儿地属于海的博大和夜的光明！

后　记

　　生路匆匆，鲜有著述，写后记的机会不多，自然无甚经验可凭，"咬笔杆"之事也便不幸而发生了。

　　这一"咬"可好，第一反应是：饿。饿的联想是：吃。吃自有吃的经验，谁都不缺。

　　譬如赴宴，除非迫不得已或另有目的，谁都尽量避免上主桌，是吧？这倒不是对主方或客方的头儿们不恭，只是为图个举勺操箸少些规矩，横吃竖啃大可随意罢了。试想想，一道你极喜欢吃的菜，因主儿们不合口少动筷，你不好意思自个儿"如切如磋"，也跟着忍涎端坐，那压抑着的食欲直令你眼冒金星，敢说不是？又，你并不嗜酒，却因不得不顾及礼节而频频举杯应酬，那吞药般的熬煎更叫你五内俱焚，又何苦来哉？

　　由赴宴的狡黠回观本书的写作，也许正是为了觅取那种"少些规矩"和"大可随意"的自由度，而力避与习见的著述法"同桌"的。于是乎不问体例，不谋绪论，不求"一碗水端平"，不搞 ABCD 套甲乙丙丁，想到哪里，写到哪里。力所能及处，多逗留片刻，或新酿或旧醅，随兴呼取；力所不逮处，则点到为止，或索性斜着眼儿绕道而过……

　　原谅笔者是一般作家而非学者，既缺深且广的知识涵盖面，也欠烦琐考证的本事和耐心，更无足够严谨的逻辑思维供谋篇布局、把握臧否，只好因陋就简且避实就虚，仍作我"竹马"之行，用平日稍稍顺手的散文笔法，记录自己在美之迷津前的零星感觉，如此而已。

既是散文笔法，难免有时会信马由缰，任着性儿，跑马溜溜的山上，看云看月，甚而临至涯边亦浑不知其险，让人为之惦心捏汗，真是罪过。

又既是写"迷"中之"觉"，更可能主观，可能偏执，可能肤浅；其中有些内容，或前人之述备矣，或今人不屑重提，却仍自作多情、喋喋不休，令人劳神反胃，则又何必？

因之，有必要指明：本书纯然是一管之见，一时所得，不足为训，更不值援引，何况文中有些观点原是众人的智慧，只不过经我之脑之手梳理穿缀一遍，可能走样失真。它实在不是什么讲义、教科书，著述时的初衷原也不耽于此，只求好读、可读。年轻朋友们偶尔翻之，于某则某句中获得一点两点小小的启示，并引发各自的联想和想象，对身边之美有所感、有所悟、有所钟，我便觉够了本了。

曾有人发出作家"学者化"的呼吁，颇有见地。作家的知识结构尽可能地庞杂、多元、丰实，底气便足，积淀便厚，笔底波澜多了些逻辑力量和理性色彩，那自然妙极。但真要做起来殊不容易，单是那言之凿凿、天衣无缝、一脸严肃的研究论文的撰写，就够你折寿的了。好在所谓"学者化"的本意，并非要你也去掉掉书袋，把形象思维的优势一并弃绝。退一步说，搞文学创作的人倘真有立说的机会，又何妨在论著的行文中，留住作为作家的那份天真、那份无羁、那份通脱与随意呢？

实际上，好些学问家的专论笔法，早已兼具文学的灵光，让我辈读之忻忻乎喜得双重的享受。如此，又何乐而不多为呢？

是为后记，不知妥否，附于书末交读者朋友一并指教。

陈章汉

图书在版编目(CIP)数据

转角遇见美/陈章汉著. —福州:海峡文艺出版社,2023.
11(2024.1 重印)
ISBN 978-7-5550-3492-6

Ⅰ.①转…　Ⅱ.①陈…　Ⅲ.①美学－文集　Ⅳ.
①B83－53

中国国家版本馆 CIP 数据核字(2023)第 202161 号

转角遇见美

陈章汉　著

出 版 人	林　滨
责任编辑	陈　婧
出版发行	海峡文艺出版社
经　　销	福建新华发行(集团)有限责任公司
社　　址	福州市东水路 76 号 14 层
发 行 部	0591－87536797
印　　刷	福建东南彩色印刷有限公司
厂　　址	福州市金山浦上工业区冠浦路 144 号
开　　本	720 毫米×1010 毫米　1/16
字　　数	156 千字
印　　张	13.5
版　　次	2023 年 11 月第 1 版
印　　次	2024 年 1 月第 2 次印刷
书　　号	ISBN 978-7-5550-3492-6
定　　价	29.00 元

如发现印装质量问题,请寄承印厂调换